범죄 사건을 수학으로 해결하라

추리 수학

범죄 사건을 수학으로 해결하라
추리 수학

초판 1쇄 인쇄일 2022년 10월 20일
초판 2쇄 발행일 2023년 5월 10일

지은이 김주은 · 박구연
그린이 페니
펴낸이 김지영 펴낸곳 지브레인Gbrain
편 집 김현주
마케팅 조명구 제작 · 관리 김동영

출판등록 2001년 7월 3일 제2005-000022호
주소 04021 서울시 마포구 월드컵로7길 88 2층
전화 (02)2648-7224 팩스 (02)2654-7696

ISBN 978-89-5979-749-3(03410)

• 책값은 뒤표지에 있습니다.
• 잘못된 책은 교환해 드립니다.

범죄 사건을 수학으로 해결하라

추리 수학

김주은 · 박구연 공저

GB
지브레인

머리말

모든 범죄는 수학 공식을 벗어나지 못한다

국립과학수사연구원(국과수) 디지털분석과의 모토라고 한다.

현대사회는 IT의 세상이며 CCTV의 세상이기도 하다. 그리고 이러한 것들은 범인 검거율을 높이는데 큰 도움이 되고 있다. 그렇다면 흐릿한 CCTV 속 범인은 어떻게 잡을까? 여기에는 매우 과학적이고 수학적인 방법이 이용된다.

국립과학수사연구원(국과수) 디지털분석과에서는 CCTV 속 공간을 3차원 그래픽으로 재현한 뒤 용의자가 발을 내딛는 지점, 무릎과 허리를 구부린 정도 등을 자세히 입력한 후 가상

인체 골격을 배치해 생체인식 프로그램으로 범인이 몸을 곧게 폈을 때의 키·보폭 등을 계산해낸다.

이와 같은 생체정보뿐만 아니라 번호판, 문서 감정 등 다양한 분야에 디지털 분석 프로그램이 적용되어 범죄 해결과 범인 검거 확률을 높이고 있다. 그리고 이때 사용되는 디지털 분석 프로그램에는 수학 법칙이 적용되어 있다.

인기 범죄 드라마 시리즈인 CSI 역시 모든 시리즈가 수학과 과학을 기반으로 하고 있다. 물론 인간의 심리와 사회학도 함께 한다.

과학과 심리학으로 푸는 범죄 드라마를 매우 좋아하고 어떤 수학과 과학이 이용되는지 흥미진진하게 보았기 때문에 처음 수학으로 범인을 찾아내는 《추리 수학》의 스토리텔링을 제안받았을 때 잠시 고민하기는 했지만 재미있게 작업할 수 있었다.

수학적인 부분은 전문 수학자의 영역이기 때문에 수학자인 저자가 기본 스토리와 수학적인 부분을 주면 그에 맞춰 이야기를 진행하는 방식이었다. 10대부터 40대까지 수학과 노블을 좋아하는 사람들에게 피드백을 진행해 다양한 의견을 반영한 만큼 흥미로운 이야기들이 되길 바라는 마음이다.

김주은

우리는 공룡이 번성하던 중생대 시대를 경험한 적은 없지만 공룡이 남긴 화석을 통해서 크기와 시대적 환경을 예측할 수 있다. 공룡 화석을 통해 알아낼 수 있는 것은 정말 많다. 공룡을 통해 당시 자연환경을 연구할 수 있으며 이는 지구가 변해온 과정과 이를 통해 미래 지구를 연구하는 것도 가능하다. 그리고 이 연구 과정에 수학이 이용된다.

과학수사도 마찬가지다. 과학의 언어가 수학인 만큼 과학수사에는 수학이 반드시 필요하다. 가장 기본적으로 살인현장에서 피가 튄 방향, 피가 묻은 위치 등으로 사건 당시의 상황을 추측할 때 다양한 수학 분야가 활용된다. 그리고 무엇보다 논리적 추론은 수학의 한 분야임을 잊지 말자.

《추리 수학》에서 소개한 수학 분야는 실제로 모두 과학수사 또는 범죄 사건을 해결하기 위해 사용된 수학들이다.

이 책의 에피소드들은 비록 커다란 범죄 사건은 아니지만 학교와 주변이라는 일상 속 친숙한 장소에서 일어나는 다양한 사건들을 통해 재미있는 수학적 지식을 전달하고 있다.

여러분도 충분히 추리해볼 수 있는 문제들을 담은 만큼 섬세한 관찰력과 예리하고 논리적인 분석력으로 함께 문제를 풀어보기를 바란다. 또한 범죄와 관련된 상식도 소개했으니 흥미로운 시간들이 되길 바란다.

박구연

CONTENTS

Missing

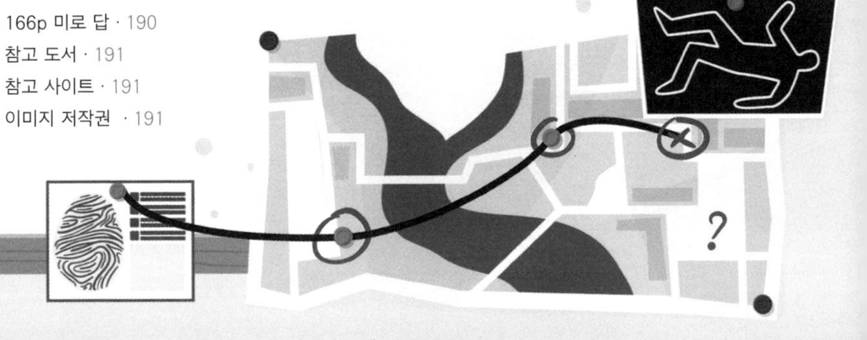

포켓몬 카드 누가 훔쳤어!

남중학교 교실은 언제 어디서나 떠들썩하다.

수업 시작 전부터 사춘기가 지나 걸걸한 목소리들로 각자 모여 온갖 이야기가 오간다.

민용이와 그 친구들도 예외는 아니다.

"호호호 아가들아! 오늘 이 형님이 아주 멋진 거래를 하시기로 했단다."

절친 3인방 진수가 으스대듯 말했다.

"니가 그래봤자 프라모델 파는 거겠지. 그래서 오늘은 뭔데?"

"그래 봤자가 아니지. 오늘 것은 두구두구두구……."

"아 진짜 별 그지 같은 비지엠 그만 하고 뭘 거래하는데?"

"흐흐흐 놀라지 마라. 실은 내가 뮤와 뮤츠를 가지고 있거든. 그걸 에어팟과 교환하기로 했어. 어때 놀랍지?"

"뭐? 네가 뮤와 뮤츠를 갖고 있었다고?"

성호가 눈이 휘둥그레져서 크게 소리쳤다.

"그래. 어때? 나 멋지지? 내가 이런 사람이야!"

진수가 존경하라는 눈빛을 보내며 의기양양해져서 말했다.

"우와 말로만 듣던 뮤와 뮤츠 카드를 네가 가지고 있다니 그거 거짓말 아냐?"

"그래서 나도 입다물고 있었던 건데 이번에 에어팟과 바꾸기로 해서…… 아깝지만 에어팟은 정말 가지고 싶거든."

"그럼 어디서 교환하는데?"

"수업 끝나고 000에서 만나 쿨거래 하기로 했어. 그래서 나 오늘 학원 땡긴다."

민용이와 성호는 에어팟을 갖게 될 진수를 부러워해야 할지 아니면 말로만 들어본 전설의 뮤와 뮤츠를 갖게 될 누군가를 부러워해야 할지 복잡한 마음으로 몇 마디 더 하다가 수업 종이 울려서 자리로 돌아갔다.

"자! 그 전설의 카드가 영영 사라지기 전에 나도 한 번 좀 보자."

친구들은 점심시간이 되자 후다닥 식사를 끝내고 다시 진수 곁으로 모여 들었다.

쉬는 시간마다 보여 달라고 졸랐지만 진수는 부정탄다며 꿈쩍도 하지 않았다.

그렇지만 그 전설의 카드를 볼 기회를 놓칠 수 없었던 친구들이 다시 조르기 시작한 것이었다. 쉬는 시간마다 셋이 티격태격하는 소리를 들은 다른 친구들도 함께였다.

진수가 거들먹거리며 일어났다.

"그래! 이 너그러운 내가 너희들에게 은혜를 베풀지. 자, 이게 바로 뮤와 뮤츠야."

진수는 사물함으로 걸어가더니 사물함 비밀번호를 누른 후 짠 하는 소리와 함께 사물함을 열었다.

"에? 뭐야. 책밖에 없는데?"

"뮤와 뮤츠 어딨어?"

"어? 여기 곱게 포장해둔 뮤와 뮤츠 어디 갔지?"

진수의 당황한 목소리와 함께 주변이 소란해졌다. 뮤와 뮤츠가 사라져버린 것이다.

“어? 오늘 아침에 일찍 와서 뮤와 뮤츠를 넣은 뒤 난 한 번도 사물함을 열지 않았는데 이게 어디로 사라졌지?”

“혹시 두고 온 거 아냐?”

“아냐. 가져 와서 거래해야 할 사람에게 사진 찍어서 보내기도 했어.”

“그럼 누가 가져갔다는 소리인데 비번 아는 사람 있어?”

“아니. 비번도 오늘 아침에 바꿔서 아는 사람 없어.”

“그럼 누가 가져간 건데?”

사색이 된 진수가 사물함을 뒤져보았지만 어디에서도 봉투에 넣어뒀다던 카드는 나오지 않았다.

하루 수업이 다 끝나고 점심때부터 풀이 죽어 엎드려 있던 진수 옆으로 간 민용이가 어깨를 툭툭 치며 말했다.

“난 범인이 누군지 알 거 같아.”

“뭐? 어떻게 알아?”

“넌 분명 번호를 바꿀 때 남들은 모를 어려운 번호지만 너는 쉽게 기억할 번호를 골랐을 거야. 그리고 수학을 좋아하니 수학을 이용한 번호였을 거야.”

“응, 맞아.”

"넌 오늘 아침 처음으로 우리에게 카드 이야기를 했지만 그걸 거래하기 위해 연락을 할 때 한번이라도 학교에서 주고받은 적이 있을 거야."

민용이의 이야기에 잠시 곰곰이 생각하던 진수가 손바닥을 쳤다.

"어, 맞아. 2주 전에 학교에서 중고거래 사이트 살펴보다가 에어팟이 올라온 거 보고 흥분해서 전화했었어."

"우리 학교에서는 2주 전부터 사물함에 장난치는 사건이 일어났었어. 기억나?"

하나둘 주변으로 모여든 반 친구들이 둘 사이의 대화를 듣다가 웅성거리기 시작했다.

"어, 맞아. 사물함에 낙서도 되고 사물함 속 물건들이 뒤집혀지는 장난도 있었어. 그렇지만 물건이 사라지지는 않았는데?"

실제로 학교에서는 2주 전에 3번 사물함이 어지럽혀지는 사건이 처음 일어났었다.

각 학년은 총 10개 반으로 이루어져 있으며 10개 반 학생들의 사물함은 복도 쪽에 길게 늘어져 있었다. 한 반의 학생들은 모두 30명이기 때문에 총 300개의 사물함이 있으며 그중 3번 사물함이 어지럽혀진 것이다. 그리고 열흘 뒤에는 14번 사물함이 낙서로 테러 당했다.

그리고 나흘 째 되는 날 15번 사물함에 장난을 쳤었다. 그게 바로 오늘 일이었다.

"그게 단서야. 물건은 사라지지 않았지만 사물함에 장난을 쳤기 때문에 모두 그때마다 비번을 바꿨어. 그건 오늘을 위해

그런 거야. 그래서 이 관계를 진수 너의 입장에서 수학적으로 생각해보았더니 범인을 잡을 방법이 떠오르더라. 그 방법은 바로…….”

민용이가 찾은 방법은 무엇일까? 그리고 범인은 누구일까?

수학으로 사건을 해결하라

민용이가 사물함에 낙서한 범인을 잡기에는 숫자 외에 어떠한 단서도 없다. 사물함 안이 뒤집히고 수성 페인트가 3번, 14번, 15번 사물함에 낙서되었지만 번호 사이에는 아무런 규칙을 찾을 수 없었다. 그중 15번 사물함은 진수의 사물함이었다. 이 중구난방 같은 숫자 사이에서 찾을 수 있는 단서가 과연 있을까?

이것을 풀기 위해 여러 가지 경우의 수를 생각해 보던 민용이의 머릿속에 갑자기 어떤 숫자가 떠올랐다.

3과 14 그리고 15의 연관관계였다. 314라고 하면 바로 떠오르는 유명한 숫자가 있다. 바로 원주율이었다. 원주율은 3.141592653589……로 무리수이면서도 무한소수인데, 3, 14, 15, 92, 65, 35, …… 순이다. 그리고 이것은 낙서가 된 사물함 번호와 일치했다. 이게 맞다면 다음 낙서가 일어날 사물함 번호는 92번이 될 것이다.

3.141592653589……

다만 하나 풀지 못한 문제는 30일이란 달력 속에서 대체 언제 다음 사건을 일으킬 것인지 또는 이제 그만 둘 것인지였다.

민용이는 이게 단순한 장난이 아니라 뮤와 뮤츠를 훔치기 위한 치밀한 계획이라고 확신했기 때문에 뮤와 뮤츠를 손에 넣은 이상 과연 위험한 행동을 계속 할지가 의문이었다.

민용이는 자신의 이론을 진수에게만 설명했다. 절대 범인이 몰라야 계속 같은 장난을 할 가능성이 조금이라도 있기 때문이었다.

그리고 민용이의 바람대로 92번 사물함에서 낙서가 발견되었다.

민용이와 진수는 혹시나 싶어 92번 사물함에 지문 채취용 테이프를 살짝 붙여 두었었다.

언제 범인이 새로운 장난을 할지 몰라 매일매일 사물함을 92번 사물함에 지문 채취용 테이프를 붙인 것이다.

용의주도해서 장갑을 끼는 것이 아니라면 범인을 찾을 수 있다!는 희망을 가지고 범인이 지문을 남기길 기도했던 그들의 바람대로 범인은 이틀만에 증거를 남겼고 두 사람은 학교에 요청해서 일치하는 지문을 찾아냈다.

이런 소란이 계속되는 것을 바라지 않았던 학교는 모든 학생들에게 지문 채취를 할 예정이었지만 민용이는 자신들과 같은 학년인 2학년부터 해줄 것을 요청했다. 진수의 행동반경을 본다면 분명 2학년의 소행일 가능성이 컸다.

그리고 민용이의 생각대로 범인은 2학년 2반 서재혁이었다. 서재혁은 우연히 뮤와 뮤츠를 교환한다는 통화 내용을 듣고 모으고 있던 포켓몬 카드 컬렉션을 완성시킬 수 있다는 욕심 때문에 순간적으로 욕심이 나서 범행을 저질렀다고 했다.

그는 진수가 평소에 소수를 자주 쓰는 것을 알고 있었기 때문에(진수는 학교에서 수학을 가장 잘하는 사람 중 하나로 꼽힌다) 비밀 번호도 소수를 이용해 설정할 것이란 생각을 했는데 역시나 사물함에 문제가 생길 때마다 진수는 소수를 차례대로 쓰고 있었다.

다른 사물함들의 비번을 알아내는 것은 더 쉬웠다고 한다. 반을 따라 차례대로 사물함을 쓰기 때문에 누구의 사물함인지 쉽게 알아낼 수 있었고 대부분은 전화번호나 생일 또는 자신의 출석번호를 썼던 것이다.

결국 진수는 무사히 뮤와 뮤츠를 돌려받을 수 있었다.

세상을 바꾼 숫자-원주율

원의 지름에 대한 원주의 비율을 나타낸 것을 원주율이라 한다. 원주율은 1706년 웨일스의 수학자 윌리엄 존스William Jones, 1675~1749가 기호로 π를 쓴 이후 현재까지 사용하고 있다.

약 3.141592653589……로 계속되는 무리수이자 무한소수인 원주율을 계산하는 수학자들이 아직도 있을 정도로 매우 흥미로운 숫자이다.

보통 근삿값 3.14를 상수로 정해 계산한다.

고대의 수학자들은 수레바퀴가 한 바퀴 회전할 때마다 수레가 바퀴 지름의 3.14배가 된다는 것을 이미 알고 있었다. 가장 오래된 기록으로는 메소포타미아 문명 발굴 도중 발견된 문헌이 있다. 구약 성경에서도 원주율에 대한 기록을 찾아볼 수 있으며 1936년 발굴된 바빌로니아의 수학 석판의 내용은 매우 구체적으로 원주율을 설명하고 있다.

이 석판에서 사용한 유리수 $\frac{25}{8}$를 소수로 나타내면 3.125로 원주율에 근사한 값이다. 원주율 3.141592653589……와 오차가 크게 나지 않는 것이다.

그러나 π의 특성은 순환하지 않는 무한소수이며 분수로 나타낼 수 없다. 3.141592653589……로 계속 나아가며 아직까지도 어떤 규칙에 따른 것인지 수학적으로 명확하게 밝히지 못한 미지의 수이기도 하다.

1873년 윌리엄 섕크스William Shanks, 1812~1882는 π의 자릿수를 소숫점 아래 527째 자릿수까지 구했다.

1989년에는 소숫점 아래 10억 자릿수까지 구했지만 수학자들은 이에 만족하지 않고 2000년대에는 소숫점 아래 100만 자릿수까지 구했으며, 최근에는 소숫점 아래 100조 자릿수까지 구했다.

이렇게 어마어마한 숫자를 구했음에도 수학자들은 원주율에 여전히 어떤 규칙이 적용되는지 발견한 것이 없다.

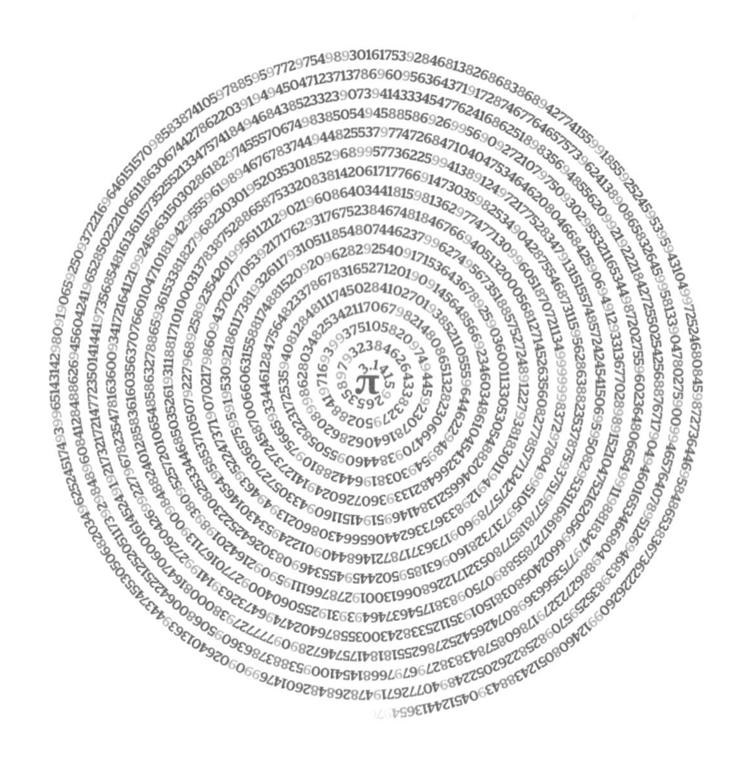

π는 각도를 나타낼 때 사용하는데 $180°$를 π라디안으로 나타낸다.

원을 한 바퀴 회전하는 중심각인 $360°$는 2π라디안으로 쉽게 나타낼 수도 있다. 그렇다면 직각인 $90°$도 나타낼 수 있을까? 물론 가능하다. 바로 $\frac{\pi}{2}$라디안이다.

이렇게 π를 사용하여 각도를 나타낸 것을 호도법으로 부른다. 도형의 넓이 계산도 π를 활용한다.

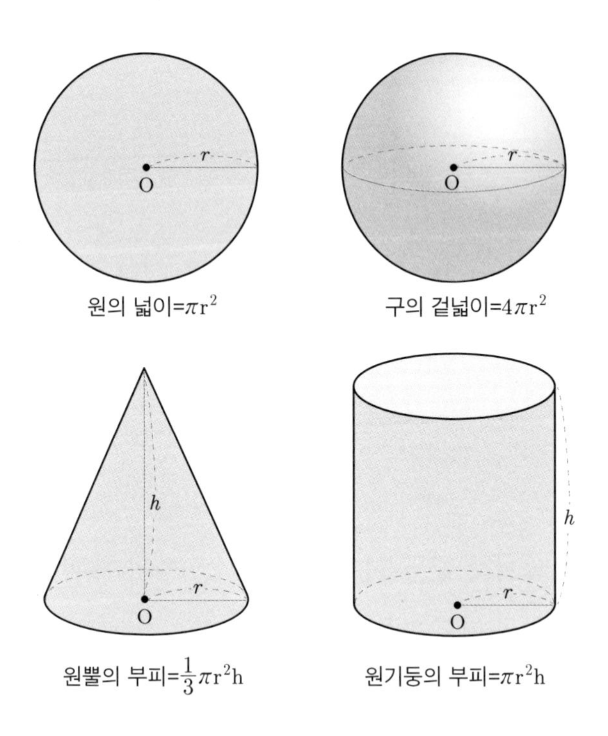

원의 넓이=πr^2

구의 겉넓이=$4\pi r^2$

원뿔의 부피=$\frac{1}{3}\pi r^2 h$

원기둥의 부피=$\pi r^2 h$

이 밖에도 수학과 과학에서 π의 활용은 매우 폭넓다. 그래서 세상을 바꾼 위대한 숫자 중 하나로 π를 꼽는다.

스파이를 찾아라

칠판에 필기를 하며 한참 공식을 설명하던 수학 선생님은 대답이 거의 들리지 않는 반 분위기를 눈치챘다.

뒤를 돌아보자 역시나 학생들 대부분이 꾸벅꾸벅 졸고 있었다. 인터넷 세상이 되고 AI가 당연한 세상에서 수학은 갈수록 중요해질 텐데 수학을 포기하고 졸고 있는 학생들을 보니 안타까워졌다.

수학을 포기하는 학생들이 안타깝고 서운해지는 감정은 어제오늘 시작된 것이 아니다. 수학 선생님은 지난 몇 년 동안 계속 고민하던 것이 있었다. 어떻게 하면 학생들이 더 재미있게 수학을 이해할 수 있을까?

오늘도 졸고 있는 학생들을 발견하고 잠시 고민하던 수학 선생님은 책을 덮은 뒤 교탁을 가볍게 쳐서 졸고 있는 학생들을 깨웠다.

"자, 얘들아! 우리 오늘은 재미있는 게임 하나 할까?"

한참 진도를 나가던 선생님이 갑자기 뜬금없는 이야기를 하자 아이들이 어리둥절한 표정이 되었다.

"선생님, 곧 기말고사라 진도 중요한데요?"

"그렇지. 그런데 게임할 내용도 수학 관련이라서 괜찮을 거야."

잠시 게임이라는 말에 눈을 번쩍 떴던 학생들은 수학과 관련 있다는 이야기에 자기들과는 상관없다는 생각이 들었는지 딴짓을 하거나 하품을 하면서 다시 분위기가 어수선해졌다.

"게임에는 역시 상품이 있어야겠지? 수학이라고는 하지만 누구든지 참여 가능한 재밌는 거야. 상품으로는…… 음…… 너희들 중 스파이가 이기면 선생님이 진 것으로 하고 이 반에 피자 10판 쏠게."

선생님의 한턱 피자 이야기에 아이들이 웅성거리더니 질문을 하기 시작했다.

"무슨 게임인데요? 스파이는 누구로 할 거에요?"

“지금 바로 시작하는 거예요? 규칙이 있나요?”

“그럼 우리가 이기면 바로 피자 쏘시는 건가요?”

“어이쿠! 좀 천천히 차례로 질문해라. 자, 지금부터 규칙을 알려줄 테니까 잘 듣고 내일 수업이 끝나고 내가 준비한 것을 찾아 바로 교무실로 가져오면 이 게임 승패는 결판날 거야.”

선생님은 빈 노트를 두 장 찢어서 반 학생 수대로 다시 나눴다.

그런 뒤 거기에 무언가를 적고 학생들을 보며 싱긋 웃었다.

“자, 내일 너희들은 제비를 뽑을 거야. 지금 여기에 각자 역할을 적을 건데 내일 뽑은 뒤 절대 혼자 봐야만 해. 그리고 이 게임에서 중요한 규칙을 오늘 먼저 설명할 테니까 잘 들어둬.”

언제 졸았냐는 듯 학생들 모두가 초롱초롱한 눈으로 선생님을 응시했다.

“수업이 끝나면 제비뽑기에서 스파이로 당첨된 사람이 다른 학생들은 전혀 모르게 내가 지금 그려놓을 지도에서 모든 장소를 들려 내가 남겨놓은 메모들을 수거해 와야 해.”

“그건 너무 쉬운데요? 가서 찾으면 되는 거잖아요.”

“하하하! 그냥은 너무 쉽지. 그런데 스파이만 있는 것이 아니야. 각각의 장소에는 스파이가 누군지 찾아낼 경찰들이 있을 거야. 자신이 경찰인 사람들도 절대 다른 친구들에게 경찰인 것을 밝혀서는 안 돼."

"그럼 그 경찰들은 어디든 자기가 원하는 장소에 가서 스파이를 기다렸다가 누군지 밝혀내면 되는 거예요?"

"그렇게 되면 같은 장소에 2명, 3명도 있을 수 있으니 그건 안 되지. 경찰들이 가야 할 장소도 제비에 모두 적어놓을 거야."

"그럼 경찰들이 이기면 무슨 상이 있는 거예요?"

"스파이를 잡아낸 경찰에게는 학교 앞 먹자분식집 1회 무한리필권을 쏠 예정이다. 이 게임에서는 스파이가 이기면 반 모두가 먹을 수 있는 거지만 대신 경찰은 피자를 한 조각 이상 못 먹는 패널티가 있을 거야. 하지만 경찰이 이기면 그 경찰은 먹자분식에서 먹고 싶은 거 다 먹을 수 있는 거야."

"그럼 경찰 아닌 사람은요?"

"하하하! 경찰 아닌 일반 시민은 스파이를 응원해야지."

"시민이 경찰 대신 스파이를 응원해야 한다니 선생님 나빠요."

학생들은 입에서 나오는 대로 농담하고 야유를 퍼부으면서도 상당히 신난 표정이었다.

"이 선생님은 너희들 모두가 피자를 먹기를 바라기 때문에 매우 중요한 팁을 줄게. 스파이가 만약 한 장소를 2번 지나치게 된다면 그곳에서 기다리고 있던 경찰은 금방 알아보게 될 거야. 그러니 한 장소는 한 번씩만 가는 것이 좋단다. 참 너희들은 누가 스파이고 누가 경찰이고 누가 시민인지 아무도 몰라야 하고 그게 밝혀지면 너희가 나에게 매일 한 명씩 돌아가며 음료수를 사줘야 해. 알겠지?"

선생님은 수학 선생님답게 치밀하게 사전모의를 차단해버렸다.

"스파이가 찾을 것은 메모지이고 거기에 무엇이 쓰여 있는지는 스파이만 알아야 해. 그래서 나에게 오면 그 내용을 말해주는 것으로 미션은 끝나는 거야."

선생님이 학생들에게 그려준 장소는 다음과 같았다.

"각 거리 사이는 약 10분 정도면 갈 수 있기 때문에 총 7개의 도로를 이용해 한 번씩만 지나면서 선생님의 메모를 찾아 교무실로 돌아와야 해"

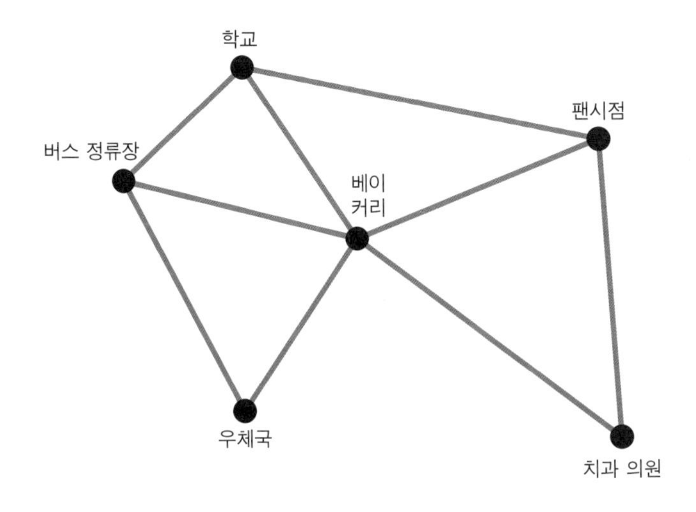

선생님의 주의를 들으며 지도를 살펴보았다. 뭔가 쉬우면서도 어려워 보였다.

이 미션의 시작은 학교에서 시작해 다시 학교로 돌아와야 하는데 7개의 도로를 지나야 한다. 각 도로는 10분 거리이므로 7개의 도로를 모두 지나면 걷는 데만 1시간 10분이 걸린다. 또 메모지를 찾는 시간도 필요하다. 또한 학원을 가야 하는 학생들도 있기 때문에 아무리 많이 걸려도 2시간 30분을 넘기지 않고 끝낼 수 있는 미션이었다.

학생들은 어떻게 하면 각 장소를 한 번씩만 들려 선생님의 메모지를 누구에게도 들키지 않고 찾아올 수 있을지 지도를 보며 고민하기 시작했다.

내일 제비를 뽑기 전까지는 자신의 역할을 모르기 때문에 미리 알아두려는 것이다.

그런 학생들을 보며 수학 선생님은 내심 매우 뿌듯했다. 이번 기회에 재미있는 수학을 가르칠 수도 있을 것 같아 기대가 되기도 했다.

다음날 수학 시간이 되자 아이들은 두근거리는 마음으로 제비를 뽑은 뒤 슬쩍 자신의 역할을 확인했다.

수학을 잘하는 민용이는 자신이 스파이가 되길 매우 기대했지만 팬시점을 지키는 경찰이었다. 덕분에 흥미도 없는 팬시점에서 이것저것 물건을 고르며 두 시간 정도 스파이를 기다렸다.

그런데 그곳에 2번 들린 반 친구는 없었다.

이것은 명확했다. 스파이가 성공했을 가능성이 높다는 것에 그날의 운을 걸면서 민용이는 학원으로 향했다.

3일째 수학 시간에 선생님은 반 아이들에게 누가 스파이고 누가 경찰이었는지 알아낸 사람은 앞에 나와 발표하라고 했다.

신애가 손을 들더니 말했다.

"민용이는 경찰이 틀림없어요."

"왜 민용이가 경찰이라고 생각했지?"

"지금까지 팬시점에서 재를 본 적이 한 번도 없는데 어제는 꽤 오랫동안 팬시점에서 이것저것 만지고 있었거든요. 무언가 필요한 것을 사러 온 것도 아닌 걸로 보였고요."

"하하하, 민용이는 정말 경찰이었니?"

떨떠름한 표정이 된 민용이는 신애를 본 뒤 고개를 끄덕이며 대답했다.

"네. 제가 팬시점 담당 경찰이었어요."

"민용이는 수학자가 꿈이라고 했지? 다행이다. 연기자가 아니어서. 연기는 전혀 소질이 없으니까 수학자의 길로 쭉 가자, 민용아."

선생님의 놀림에 반 친구들이 웃음을 터뜨렸다.

민용이도 어이없다는 생각을 하며 머리를 긁적였다.

"자, 스파이가 누군지 아는 사람?"

아무도 대답하는 사람이 없었다. 과연 스파이는 성공한 것일까?

모두 두근대는 마음으로 선생님을 바라봤다.

"자! 아무도 없으니 이제 스파이는 일어나서 메모지에 적힌 글을 말해보렴."

선생님의 이야기에 신애가 일어났다.

"메모지 5장을 모두 모아 문장을 만들었더니 '2학년 3반 학생들에게 수학 선생님은 게임에서 졌기 때문에 피자 10판과 콜라 10병을 쏜다. 경찰은 피자 한 조각과 콜라 한 잔만 마실 수 있다'가 적혀 있었어요."

"우와, 신애 너였어?"

반 친구들이 박수치고 휘파람을 불면서 환호했다. 그런 친구들을 향해 V자를 그려보인 뒤 신애는 자리에 앉았다.

"자, 신애가 정말 잘 해줬어. 그럼 신애는 어떻게 모든 곳을 다 가서 메모지를 찾아오면서도 들키지 않을 수 있었는지 이야기해볼까?"

선생님의 요청에 신애는 칠판 앞으로 가서 경로를 그린 뒤 설명하기 시작했다.

"저는 먼저 7개의 도로를 한 번씩 거치면서 지정 장소에 들려 메모판에서 선생님이 붙여 놓은 메모지들을 찾아 모을 수 있었어요. 그런데 모든 곳을 각각 1번씩만 갈 수 있었던 것은 아니에요. 제가 지나온 경로를 보면 알겠지만 베이커리는 두 번 들릴 수밖에 없었어요.

3일 전에 선생님이 이 지도를 보여주신 후 아무리 계산해 봐도 한 번씩만 거쳐서 갈 수는 없었거든요. 그래서 꾀를 내었어요. 제일 먼저 베이커리로 가서 누군가 보기 전에 메모를 회수

하고 얼른 나온 뒤에 다음 장소로 갔어요. 베이커리 담당 경찰도 저와 비슷하게 움직였을 테니까 잘하면 제가 먼저 도착할 수 있을 거 같았고 그럼 제가 베이커리 앞을 한 번 더 지나가도 한 번 들린 것이 될 테니까요."

수학 선생님은 고개를 끄덕였다. 신애가 선택한 경로가 미션 메모들을 찾는 가장 안전한 방법이었기 때문이다.

그리고 신애가 선택한 경로는 한붓그리기도 성립하므로 발표도 성공적으로 마쳤다고 생각했다.

신애가 모든 메모지를 찾아서 교무실로 오기까지 걸린 시간은 대략 2시간이었다.

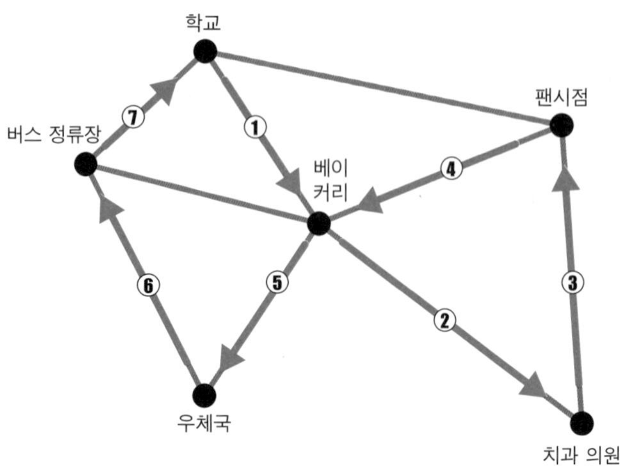

신애가 발표한 경로

“어제 신애가 모든 메모지를 수거해서 나에게 온 시각은 6시로, 4시 하교시간이 시작된 지 2시간 후였어. 이제 너희는 정말 신애가 자신이 설명한 경로대로 움직였는지 확인해서 내일 수학시간에 발표해야 해. 그것까지 하면 이 게임은 신애의 승리로 끝이 나는 거야. 그리고 너희는 피자를 먹을 수 있을 거야.”

선생님은 새로운 과제를 내주셨다.

역시 피자의 길이 쉬울 리가 없었다.

모두 한꺼번에 다 다니는 것은 이 바쁜 세상에 합리적이란 생각이 들지 않았던 민용이와 진수는 5팀으로 나눠서 각각 신애가 들린 시간을 조사하기로 했다.

목요일 4번째 수학시간이 되었다.

제일 먼저 민용이가 발표했다.

“신애는 제일 먼저 베이커리에 갔다고 했는데 베이커리 사장님은 신애가 4시 50분에 와서 빵을 사가고 메모판의 메모지를 가져갔다고 했어요. 베이커리 사장님은 4시에 하교하는 학생들이 한번 쓸고 지나간 뒤라서 조금 한가해져 시각을 확인했기 때문에 분명히 그 시각이 맞다고 하셨어요. 베이커리까지의 거리는 10분 정도이고 다른 거리들도 대략 10분 거리에 있어요. 그런데 베이커리까지 가는데 50분 정도 걸린 것은 이상해요. 우리가 비록 발견하지 못했다고는 하지만 정말 신애가 거리를 한 번씩만 지나서 갔다면 베이커리까지 간 시간이 50분이나 걸리지 않기 때문입니다."

너무나 확실한 민용이의 의문에 신애는 당황했다.

신애는 자신이 무슨 실수를 했는지 기억을 되돌려보기 시작했다.

민용이의 말에 다른 곳을 확인한 친구들이 각자 한 명씩 대표로 말하기 시작했는데 신애를 본 목격자들이 없었다. 경찰로 뽑힌 아이들은 2번 오는 사람이 누가 있을지 집중하느라 누가 몇 시에 온 것인지 생각할 겨를이 없었고 시민인 친구들은 대부분 자신의 일을 하러 갔기 때문이다.

반 친구들은 피자가 걸린 일이라 신애의 이동경로의 문제점을 찾아보기 시작했다.

수학 선생님도 민용이의 의견이 맞다며 베이커리에 바로 가지 않고 어딘가 거쳐서 간 것이 아닌가 신애에게 물으셨다. 전체적으로 9개의 도로 중 7개의 도로를 선택해 10분의 시간과 아무에게도 의심받지 않고 메모지를 찾는데 대략 10분 정도의 시간을 쓰면서 미션을 수행했으니 모두 더하면 2시간이 맞다. 신애는 메모지 5장을 찾아냈으니 다섯 장소를 모두 간 것이 맞으며 아무도 모르게 메모지를 수거하느라 한 곳당 약 10여 분씩 걸렸다고 했으니 2시간이라는 보고와 선생님에게 온 시간이 일치한다. 따라서 신애는 한붓그리기 경로를 따라 다닌 것이 맞다.

그렇다면 신애가 정말 거쳐간 장소의 순서는 어떻게 되는 것일까? 여러분이 직접 경로를 찾아보아라.

신애의 수학적 오류

신애를 목격한 유일한 목격자 베이커리 사장님은 신애가 4시 50분 정도에 오더니 빵을 하나 사서 나갔다고 하셨다. 그러면서 슬쩍 메모판에서 메모를 떼어가는 것도 보았다고 했다. 수업이 끝나고 하교종이 울린 시간은 4시였다.

그럼 거기서부터 이미 신애의 첫 길이 틀린 것이었다. 신애는 다른 곳을 들려서 온 것이 틀림없었다. 베이커리로 직접 온 것이 아니라 적어도 2개의 길을 더 거쳐 온 것으로 보였다.

또한 사장님은 빵을 사고 메모를 손에 넣은 신애가 우체국 방향을 향해 걸어갔고 얼마 후 손에 무언가를 쥔 채 베이커리 앞을 지나치는 것을 보았다고 했다.

그렇다면 신애가 발표한 것 중에 베이커리를 한 번 들리고 그 다음에는 지나쳤다는 것도 사실이다.

반 친구들은 머리를 맞대고 신애가 하교시간이 지난 지 50분 후에 베이커리에 갔다면 어떤 경로를 이용했을지 가능한 경로를 다시 찾아보기 시작해 다음과 같은 경로를 완성했다.

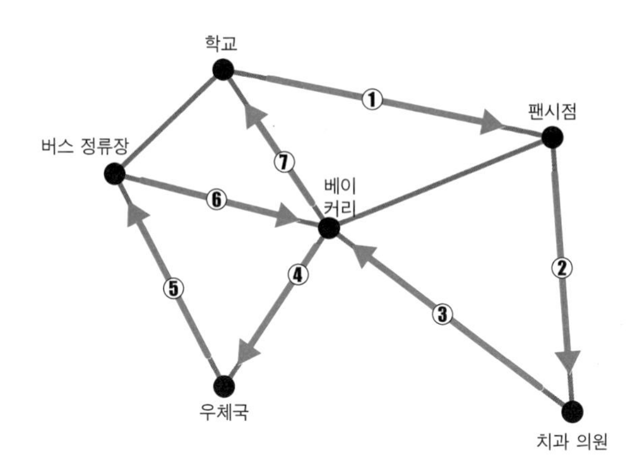

반 아이들이 주장하는 경로

아이들은 다음과 같은 결론에 도달했다.

학교에서 팬시점을 거쳐 치과 의원을 지나 베이커리에 도달하면 30분이지만 메모지 찾는 시간을 감안하면 50분 정도가 걸린다. 그리고 우체국과 버스 정류장을 거쳐 다시 베이커리에 도달하면 두 번째 베이커리의 방문이 된다.

마지막으로 베이커리에서 학교에 도달하면 일곱

개의 도로를 거치게 되어 모든 메모지를 찾은 만큼 미션은 성공하게 된다. 다섯 장소를 들려 5장의 메모지를 찾아서 학교로 돌아갈 때까지 걸린 시간은 2시간으로 선생님과 만난 시간과도 일치한다.

수학 선생님은 반 아이들의 추리력과 논리에 대해 감탄했다.

"오! 이제 신애가 게임에 걸린 시간과 목격자 진술에 따른 경로가 일치해. 멋지게 성공했네. 이건 너희들의 집단지성의 힘이니까 금요일에 피자를 쏘도록 할게. 모두 정말 잘했어."

도로와 교통 문제에 편리함을 준 한붓그리기

"수학은 추상적인 것 같은데 실생활과 관련된 문제를 해결한 사례가 있을까?"

언제나 숫자와 복잡한 수식만 떠올리며 일찌감치 수포자의 길로 들어선 사람들도 이런 생각을 해본 적이 있을 것이다.

비판철학의 창시자로 불리는 칸트Immanuel Kant, 1724~1804는 쾨니히스베르크에서 평생을 살았다. 언제나 같은 시간에 칸트는 쾨니히스베르크의 7개의 다리를 산책했다고 하는데 그를 자랑스러워하던 시민들은 그가 같은 시간 언제나 산책하는 모습을 보며 점점 '7개의 다리를 모두 한 번씩만 지나서 산책을 할 수 있을까?'하는 궁금증을 갖게 되었다고 한다.

7개의 다리를 한 번에 모두 건널 수 있을 것만 같았던 것이 도저히 풀리지 않자 시민들은 수학자 오일러Leonhard Paul Euler, 1707~1783에게 질문했고 오일러는 쾨니히스베르크의 다리는 한 번씩만 지나서 모든 길을 다 지날 수는 없음을 증명했다. 이것이 바로 한붓그리기의 탄생이다.

오일러는 '연필을 떼지 않고 선분을 한 번씩만 지나서 도착점으로 이르는 방법'으로 한붓그리기를 정의했다. 그리고 한붓그리기가 가능한 것에 대해서는 공식을 만들었다.

한붓그리기가 가능한 조건은 모든 노드(교점)가 짝수점일 때와 2개의 노드만이 홀수점일 때이다.

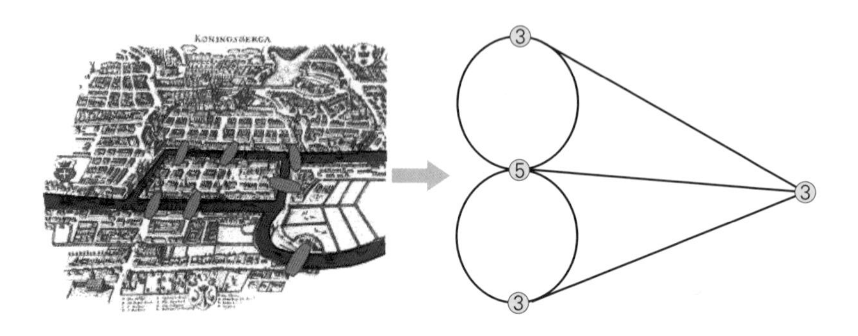

쾨니히스베르크의 다리는 4곳의 땅을 교점으로 하고, 7개의 다리를 선으로 나타낼 수 있다.

이제 한붓그리기가 불가능한 것으로 증명된 쾨니히스베르크의 다리 문제를 살펴보자.

도식화한 그림에서 노드 안의 숫자는 3과 5로 홀수이며 홀수점은 4개이다. 따라서 한붓그리기가 가능한 2개의 노드만이 홀수점이어야 한다는 조건에 어긋난다. 그런데 시간이 흘러 현재는 러시아의 영토가 된 쾨니히스베르크의 다리는 8개이다. 그러므로 지금은 한붓그리기가 가능하다.

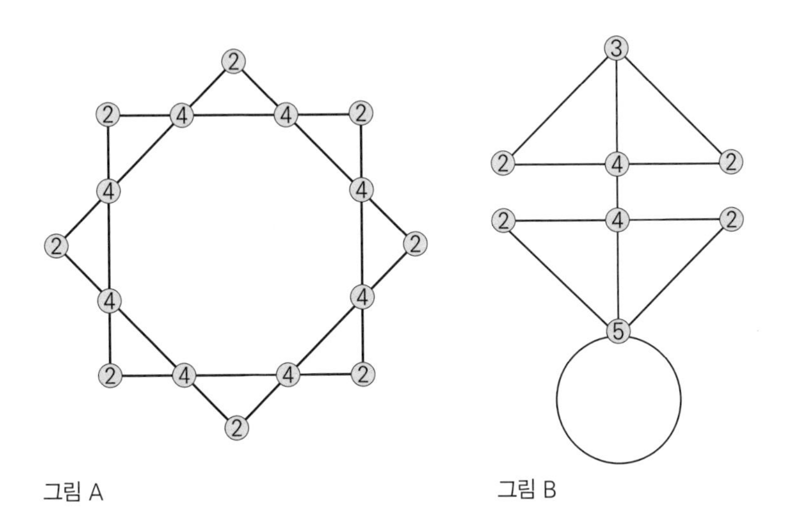

그림 A

그림 B

그림 A는 모든 노드가 짝수점을 가지고, 그림 B는 2개의 노드가 홀수점을 가지므로 한붓그리기가 가능하다.

그런데 오일러의 쾨니히스베르크의 다리 문제 증명을 굳이 우리가 알 필요가 있을까? 대체 어디에 써야 할지 과연 쓸모가 있는지도 모를 증명이며 그저 수학자들의 놀이로만 보이기 때문이다. 하지만 놀랍게도 이 증명은 현대 인류에게 많은 편리함을 제공했다. 그의 증명이 지도와 관련한 도로와 교통문제를 선분과 노드만으로 문제를 해결할 수 있도록 발전시킨 것이다.

그리고 계속 발전해 항공 루트와 지하철, 고속도로와 같은 노선에 관한 문제를 해결할 수 있게 했으며 이를 통해 수학의 한 분야인 위상수학이 탄생하게 되었다.

이뿐만이 아니라 한붓그리기는 네트워크 이론의 탄생에 기여했다. 오일러가 최초로 네트워크 이론을 증명한 것이 쾨니히스베르크의 다리 문제였던 것이다.

이처럼 우리 생활과는 거리가 멀어 보이는 수학이 현대 과학사를 발전시키고 인류의 삶을 풍요롭게 바꾼 예는 얼마든지 찾아볼 수 있다.

교통사고의 범인을 잡아라!

민용이는 학교에 가기 전 조깅을 한다. 좀 더 잠을 자고 싶지만 어렸을 때부터 할아버지와 달리던 것이 습관으로 굳어져 여전히 아침이 되면 가벼운 달리기를 하고 있었다.

학교에 다니는 월요일부터 금요일까지는 시간이 부족해 가벼운 조깅을 하는 정도이지만 토요일과 일요일은 좀 더 먼 거리를 달린다.

토요일 아침 평소처럼 7시 약간 안 되어 눈을 뜬 민용이는 가벼운 마음으로 잠옷을 갈아입고 조깅을 시작했다.

그런데 조깅을 시작한 지 얼마 되지 않아 사거리 쪽에서 쿵

하는 소리가 들려왔다. 달리기 시작한 지 약 10분에서 15분 정도 지났던 것 같다.

사거리는 제법 교통량이 많음에도 CCTV가 고장난 뒤 아직도 고쳐지지 않아 가끔 일어나는 교통사고에도 해결이 늦어지는 곳이었다.

민용이는 사고가 났음을 직감하자마자 바로 사거리 쪽을 확인했다.

트럭이 서 있고 트럭 바로 앞 쪽에 누군가가 쓰러져 있었다. 긴 머리로 보아 여성 같았다. 그리고 그 주변에 트럭 파편들로 보이는 것들이 보였다.

그곳으로 달려가며 주변을 살피는 민용이 눈에 사거리의 시계탑이 스쳐지나갔다.

시계의 시침과 분침이 이루는 각도가 평형을 이루고 있는 것이 눈앞을 스쳤다.

민용이가 사고 현장을 향해 달려가는 사이 잠깐 현장을 살피던 운전수가 당황한 얼굴로 다시 트럭에 올라타더니 그대로 트럭을 몰고 도망가기 시작했다. 운전수는 남색 잠바에 주황색 모자를 쓰고 있었다.

민용이는 큰 소리로 외쳤다.

"여기 사람이 다쳤어요!"

평일이라면 출근하는 사람과 차들로 북적였을 텐데 주말이고 휴일을 느긋하게 시작하는 주택가로, 현재 그 사고현장을 목격한 사람은 자신뿐인 듯 보였다.

다급해진 민용이는 핸드폰을 찾았지만 집에 두고 왔는지 찾을 수가 없었다. 다친 사람은 민용이 또래의 여자였다. 피

를 흘리고 있어 지혈하려는 순간 그곳을 지나가던 차가 멈춰 섰다.

민용이는 차에서 내린 남자분의 도움을 받아 피해자를 태우고 가까운 병원 응급실로 향했다.

정말 다행스럽게도 제시간에 도착할 수 있어 피해자는 위기를 넘기고 치료를 받을 수 있었다.

하지만 미처 발견되지 못한 부상이 있을 수 있어 최소한 한 달 이상의 치료와 후유증이 발생할 수도 있다는 의사의 소견도 함께였다.

교통사고 목격자인 민용이는 경찰서에 가서 당시 상황을 진술했다.

그리고 사흘이 지난 후 경찰서에서 연락이 왔다. 사고 트럭과 용의자를 검거했으니 와서 확인해주길 바란다는 내용이었다.

당시 주위 차들에 있던 블랙박스와 도로를 따라 다른 곳에 있던 CCTV를 분석한 결과 그 시간에 사거리를 통과한 트럭은 모두 13대였다. 그중에서 경찰이 민용이의 진술을 토대로 잡은 용의자와 그가 몰던 트럭이 범인일 확률이 높았다.

하지만 사고 현장을 정확하게 찍은 CCTV도 블랙박스도 없었기 때문에 운전자는 완강하게 부인했다.

용의자는 7시 반에 사거리를 지났기 때문에 사고와는 무관하다는 주장을 했다. 트럭의 라이트가 새것으로 교체되어 있었지만 용의자는 우연일 뿐 사고와 무관하다고 주장했다.

수사관은 트럭 운전수의 근무일지를 토대로 용의자가 가해자임을 확신했지만 보다 정확한 증거가 필요했다.

목격자인 민용이는 그런 수사관에게 범인의 차가 그곳을 지난 시간이 약 7시 5분인 것을 수학으로 증명한 후 목격자인 자신은 그의 주장이 가짜이며 범인이 맞다고 증언했다.

민용이는 어떤 수학적 방법을 이용해 약 7시 5분임을 증명한 것일까?

범행 시간을 찾아라 - 일차방정식

민용이는 집에서 7시 정도에 나왔다. 그리고 달리기 시작한지 얼마 안되어 사고가 나는 소리를 들었다. 따라서 7시가 넘었지만 8시는 안되면서 시침과 분침이 180°를 이루는 시각은 약 7시 5분이 맞다. 시계탑의 시계는 정확히 돌아가고 있음을 확인한 민용이가 자신이 관찰한 시각이 맞을 것을 확신한 것이다.

180°는 어떻게 약 7시 5분이 될 수 있을까? 이는 방정식을 세워 계산하면 된다.

분침은 60분 동안 360°를 움직이므로 1분에 6°씩 움직인다. 시침은 60분 동안 30°를 움직이기 때문에 1분에 0.5°를 움직인다는 것을 알면 일차방정식을 세울 수 있다.

시침은 1시간당 30°씩 각도를 이루므로 7시는 시침과 분침이 이루는 각도가 $30^\circ \times 7 = 210^\circ$이다. x를 구하고자 하는 시각을 분分으로 하고, 7시와 8시 사이의 시침과 분침이 이루는 각도가 각각 조금씩 이동하게 되면 각도와 그림은 다음과 같다.

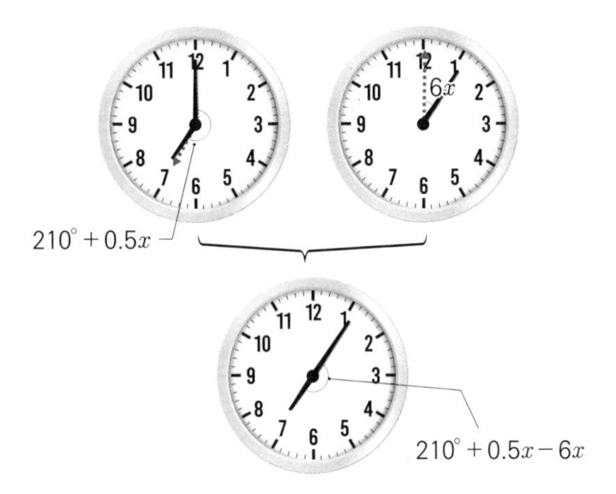

시침과 분침이 이루는 각을 180°로 놓고 식을 세운다.

구하고자 하는 시각인 분을 x로 하고 식을 세우면 $210 + 0.5x - 6x = 180$이며, $x = 5\frac{5}{11}$이므로 7시 $5\frac{5}{11}$분이다.

시각을 초단위로 나타내면 7시 5분 27초 정도가 된다.

한편 트럭 운전수가 주장한 것처럼 7시 30분이면 시침과 분침은 다음 그림처럼 180°가 아닌 45°가 되었어야 한다.

시침과 분침이 이루는 각이 전혀 다른 것이다.

트럭 운전수의 운전일지를 보면 그는 6시 45분에 출발한 것으로 밝혀졌다.

경찰 조사 결과 사고 지점과 30분 거리에 물건을 하역했으며 하역 관리자가 7시 38분에 하역한 것을 기록해놓아서 증거가 되었다.

하역시각은 2분 내지 3분이 지연되었으나 사고 시각으로부터 약 30분 정도 후에 이루어졌다.

그리고 사고 당일날 트럭 운전수가 깨진 라이트

를 새것으로 교체한 것을 경찰은 카센터에서 확인했다. 진술서를 작성할 때 민용이가 목격한 시각은 7시 5분경이 맞았으며 트럭 운전수는 뺑소니로 기소되었다.

방정식

방정식은 문자를 포함한 등식이다. 문자에 대입하는 값에 따라 등식의 성립여부가 참이냐 거짓이냐가 가려진다. 미지수는 x, y, z 같은 알파벳을 주로 사용한다. 또는 a, b, c를 사용하기도 한다.

방정식 $2x=4$를 풀어보자. x에 2를 대입하면 $2\times2=4$가 참이다. 그러나 x에 3을 대입하면 $2\times3=6$이므로 거짓이 된다.

방정식을 푸는 목적은 미지수 x를 구하기 위한 것이다. 방정식을 푼 x값을 '해' 또는 '근'으로 부른다.

방정식을 푸는 방법은 이항하여 등호의 좌변에는 미지수를 갖는 항으로, 우변에는 상수로 정리하는 것이다. $2x=4$처럼 등호의 좌변에 미지수를 갖는 항을, 우변에는 상수로 정리하여 계산한다.

방정식의 예로 저울을 이야기하는 경우가 많다. 저울은 양쪽의 균형을 유지하는 대표적 기구이자 측정기이기 때문이다.

방정식을 저울의 양쪽을 유지하는 것으로 생각해 보자.

저울의 한쪽에 물체를 올려놓은 뒤 균형을 유지하고 싶다면 다른 한쪽에도 같은 무게의 물체를 올리면 된다. 각각 4kg의 물체를 올린 뒤 왼쪽에서 1kg의 물체를 제거했다면 오른쪽에서도 1kg의 물체를 빼면 저울은 여전히 균형을 유지한다. 이와 같은 논리는 곱하기와 나누기에 적용해도 저울의 균형이 유지되어 성립함을 알 수 있다. 이를 설명하는 성질을 정리하면 다음과 같다.

A=B이면 등식의 성질을 이용하여 다음처럼 나타낼 수 있다.

A+C=B+C ⇨ 양변에 같은 수를 더해도 등식은 성립한다.

A−C=B−C ⇨ 양변에 같은 수를 빼도 등식은 성립한다.

A×C=B×C ⇨ 양변에 같은 수를 곱해도 등식은 성립한다.

A÷C=B÷C ⇨ 양변에 0이 아닌 같은 수를 나누어도 등식은 성립한다.

B=A ⇨ 양변을 교환해도 등식은 성립한다.

방정식은 일차방정식, 이차방정식, 삼차방정식, 사차방정식, …… 등 최고차수에 따라 나누어지는데, $x^2+2x-1=0$에서 x의 차수는 1과 2가 있지만 x^2의 차수인 2가 등식에서 가장 높으므로 이차방정식이 된다. $x^3+2x^2-7=0$에서는 x의 가장 높은 차수가 3이므로 삼차방정식인 것을 알 수 있다.

방정식을 푸는 방법도 차수에 따라 다르다.

일차방정식을 등식의 성질과 이항을 이용해 푼다면 이차방정식은 인수분해, 근의 공식, 완전제곱식 등으로 풀 수 있다.

인수분해는 $ab+ac$를 공통인수 a로 묶어서 $a(b+c)$처럼 계산하는 것이다. 거꾸로 $a(b+c)$를 $ab+ac$로 나타내면 식의 전개가 된다.

근의 공식은 이차방정식의 근의 공식이 중·고등학교에서 가장 널리 알려져 있는데 이차방정식 $ax^2+bx+c=0$에서 $x=\frac{-b\pm\sqrt{b^2-4ac}}{2a}$으로 근을 구하는 공식이다.

근의 공식은 이차방정식의 근의 유무도 판별할 수 있을 뿐 아니라 허근(허수를 포함한 근)도 구할 수 있어서 매우 유용하게 사용하고 있다. 그리고 대부분의 이차방정식은 근의 공식을 이용하여 푸는 것이다.

완전제곱식도 최고차수의 이차식으로 나타내어 문제를 푸는 '완전제곱식=수'로 이항정리하기 위해 근을 구하는 것이다.

삼차방정식은 근의 공식이 매우 복잡하다. 이차방정식의 근의 공식은 고대 바빌로니아에서도 풀이 방법이 발견되었지만 삼차방정식의 풀이 방법은 16세기가 되어서야 발견되었다.

삼차방정식의 근의 공식은 발견되는 과정 또한 드라마틱했다.

삼차방정식에 대한 최초의 풀이는 페로Scipione del Ferro, 1465~1526가 1515년 $x^3+mx=n$ 형태의 삼차방정식을 대수적으로 풀었던 것을 시초로 보고 있다. 페로는 아라비아의 원전을 기본으로 삼차방정식을 풀었지만 학계에 발표하지 않고 자신의 제자 피오르에게만 풀이방법을 알려주었다고 한다.

그로부터 20여 년이 지난 1535년에 이탈리아의 수학자 타르탈리아(말더듬이라는 뜻, 본명은 폰타나Niccolo Fontana Tartaglia, 1499~1557)는 자신이 삼차방정식의 해법을 발견했다고 주장했다. 그가 주장한 것은 $x^3+px^2=n$ 형태의 삼차방정식에 대한 풀이방법이었다.

하지만 피오르는 타르탈리아의 삼차방정식의 대수적 해법을 허풍으로 간주하고 타르탈리아에게 시합을 제안했다.

당시 수학계는 수학 문제를 푸는 시합을 이기면 부와 명예가 따라오던 시대였기 때문에 삼차방정식을 풀 수 있는 공식을 안다는 것은 매우 중요해 혼자만 아는 비밀이었다.

이들이 대결하는 날 시합에서는 2종류의 3차 방정식 문제가 출제되었다. 그런데 타르탈리아는 $x^3+px^2=n$ 형태의 삼차방정식의 해법을 알아내기 며칠 전에 이미 2차항이 없는 삼차방식에 대한 해법도 알아냈기 때문에 2종류의 삼차방정식 문제를 모두 풀었지만 $x^3+mx=n$ 형태의 삼차방정식 해법만을 알고 있던 피오르는 1종류만 풀 수 있었다. 타르탈리아의 완벽한 승리였다.

그 후 의사면서 수학자였던 카르다노Girolamo Cardano,1501~1576가 타르탈리아를 찾아와서 삼차방정식의 해법을 알려달라고 졸라댔다.

너무 끈질기게 졸라대자 타르탈리아는 그만이 알고 있을 것을 신에게 맹세한다는 조건을 걸고 카르다노에게 삼차방정식의 근의 공식에 관한 풀이법을 알려주었다.

그러나 카르다노는 신을 두고 타르탈리아에게 했던 맹세를 저버리고 저서 《위대한 술법Ars Magna》에 삼차방정식의 풀이방법을 실었다.

삼차방정식의 해법이 발견된 후 얼마 지나지 않아 사차방정식의 해법도 발견하게 되는데, 최초의 발견자는 카르다노의 제자 페라리Lodovico Ferrari, 1522~1565이다. 그리고 사차방정식의 해법도 《위대한 술법》에 실려 있다.

17세기에 데카르트는 4차방정식의 해법에 관한 교재를 출간했다. 이 책은 대학 교재로도 사용되었다.

18세기에는 오일러가 사차방정식의 해가 삼차방정식의 해법으로 구해지는 것을 증명한 뒤, 오차방정식도 사차방정식의 해법으로 구하려 했으나 끝내 성과를 얻지 못했다.

이탈리아의 수학자 루피니Paolo Ruffini, 1765~1822는 오차 이상의 고차방정식은 근의 공식이 없음을 증명하는 가설을 세웠고, 논문을 내기도 했다.

하지만 언젠가는 오차방정식의 근의 공식을 발견할 수 있을 거라고 믿었던 수학계에서는 이런 루피니의 가설을 중요하게 생각하지 않았다. 그로부터 시간이 흘러 루피니의 사후 2년만인 1824년 아벨Niels Abel, 1802~1829이 오차방정식은 더 이상 근의 공식이 없음을 증명함으로써 루피니의 가설은 하나의 이론으로 확정되었다.

이후 비운의 천재 수학자 갈루아Évariste Galois, 1811~1832가 대칭성을 이용한 '군론Group Theory'으로 오차방정식 이상의 고차방정식은 근의 공식이 존재하기 않는다는 것을 증명했다.

방정식의 역사는 이처럼 오랜 시간 인류와 함께 해오면서 수많은 수학자들을 울고 웃게 만들었고 여전히 수학, 물리학, 천체, 공학, 경제학, 사회학 등 수많은 분야에서 활용되고 있다.

인맥을 이용하여 범인을 잡는다

인맥은 반드시 만나야만 쌓을 수 있는 것이 아니다. 요즘처럼 가상공간과 커뮤니케이션이 발달한 사회에서는 제페토나 SNS를 통해 직접 만나지 않고도 폭넓게 인맥을 쌓을 수 있다. SNS를 통해 다른 사람의 SNS를 방문한 적도 있을 것이다. 그런데 생소하게도 "어? 저 사람 아는데?" 와 같은 경험을 해본 적도 있을 것이다. 아는 사람의 SNS를 방문했다가 댓글 등을 보면서 호기심에 들어갔더니 소식이 끊긴 반가운 인물을 우연찮게 접하게 되는 경험 같은 것 말이다.

6번의 단계를 거치면 나도 모르게 매우 많은 인맥을 알게 되고 심지어는 세상의 모든 사람과 연결된다고 주장하는 이론이 있다.

수학자 에르되시Paul Erdős, 1913~1996는 1,500편이 넘는 어마어마한 논문을 발표했다. 역사상 수많은 우수한 논문을 발표했으며 그와 함께 논문을 낸 공저자도 511명이나 된다. 여기서 나온 것이 바로 에르되시 수이다.

이를 정리한 이론을 설명하자면 에르되시는 자신을

에르되시 수 0으로 정했다. 그리고 같이 논문을 쓴 공저자인 511명의 수학자들을 1로 정했다. 계속해서 수학자 1과 공동연구를 발표한 새로운 공저자를 2로 정했다. 에르되시 수 2에 해당하는 공저자는 약 9,000명이다. 결론적으로 에르되시 수의 평균은 4.7이다.

에르되시 수는 다음과 같다.

1 에르되시 자신의 에르되시 수는 0이다.

에르되시 수=0

2 에르되시와 공저를 한 511명의 에르되시 수는 1이다.

3 에르되시와 공저를 하지 않았지만 에르되시의 공저자들과 공저를 한 수학자들은 에르되시 수 2이다.

지금까지 연구해서 밝혀낸 가장 큰 에르되시 수는 15이다.

에르되시 수와 비슷한 예로 헐리우드에서 매우 활발하게 활동한 배우인 케빈 베이컨의 이름을 딴 '베이컨 수'도 있다.

케빈 베이컨 게임에서 출발한 케빈 베이컨 수는 '케빈 베이컨 6단계 법칙'으로도 부른다. 그의 이름을 딴 이 법칙이 나온 이유는 간단하다.

67편의 영화와 8편의 드라마에 출현하며 케빈 베이컨은 수많은 사람들과 아는 사이가 되었다. 그리고 학자들은 사회적 연결망을 연구하는데 그의 이런 프로필을 이용했다. 케빈 베이컨과 같이 출연한 배우인 아만다 사이프리드를 예로 들어보자.

에르되시 수와 같은 방법으로 베이컨의 사회적 관계망을 정리한다면 베이컨 자신이 베이컨 수 0이 된다.

아만다 사이프리드는 베이컨 수 1이다. 그리고 사이프리드와 함께 영화 알파독을 찍은 브루스 윌리스는 비록 케빈 베이컨과 영화를 찍지는 않았지만 베이컨 수 2가 된다. 케빈 베이컨과 브루스 윌리스는 아만다 사이프리드라는 배우의 연결 관계를 통하여 베이컨 수를 구할 수 있는 것이다.

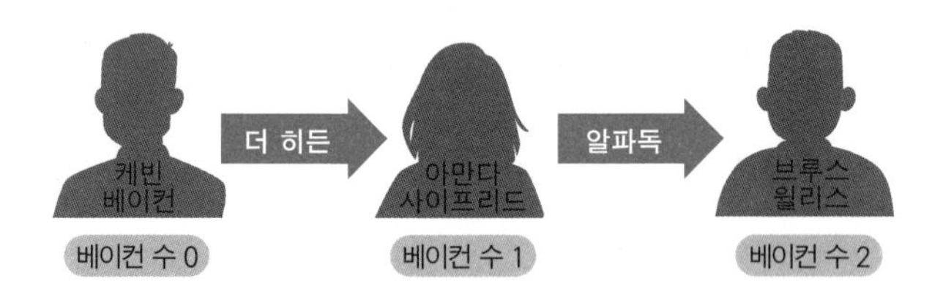

이와 같은 방법으로 노드를 확장하면 베이컨 수는 계속 구할 수 있다. 이처럼 뻗어갈수록 복잡해지는 세상의 연결망을 좁혀 주는 베이컨 수를 사용하는 이유는 범죄의 해결에 실마리를 제공하기 때문이다.

베이컨 수는 경제학과 사회학에서도 이용되지만 사건의 주변인과 범인과의 관계를 파악하는데 유용하기 때문에 범죄학에서 매우 중요한 이론이다. 실제로 에르되시 수 또는 베이컨 수를 계산하면 용의자를 주도면밀하게 찾아낼 수도 있다.

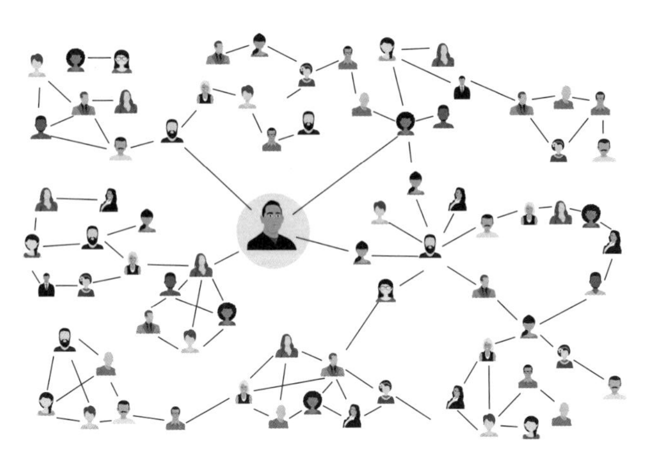

케빈 베이컨의 6단계 법칙

6명만 거치면 미국 대통령과도 친구가 될 수 있다는 이론인 케빈 베이컨의 법칙은 인터넷 시대가 되면서 새롭게 진화하고 있다.

바로 식스 픽셀 법칙Six Pixels of Separation이다.

온라인 마케팅 전문가 미치 조엘Mitch Joel, 1971~은 디지털의 가장 작은 단위인 픽셀로 이루어진 온라인 채널이나 디지털 채널만으로도 전 세계 네트워크 형성이 가능하다는 이론을 발표했다.

그는 과거 대면을 통한 비즈니스 관계는 미래사회가 되면 인터넷의 기본 단위인 픽셀을 기본으로 하는 디지털 채널을 통해 이루어지게 될 것이며 이것이야말로 비즈니스 키워드가 될 것이라고 주장했다.

이를 확인할 수 있는 증거가 바로 현대인의 생활 필수품이 되어 가는 각종 SNS 플랫폼들이다. 우리는 현실에서 만날 수 없는 멀리 떨어진 친구 혹은 가족 혹은 SNS로 알게 된 사람들과 매일 소통할 수 있으며 그들을 통해 새로운 사람들을 만나기도 하고 전혀 알지 못하는 사람들의 일상을 공유할 수도 있다.

미국 대통령을 팔로우하고 미국 대통령이 나를 팔로우하거나 내 게시물에 '좋아요'를 누를 수도 있는 세상에서 살고 있는 것이다.

그리고 세상은 이제 메타버스라는 사이버 공간을 통해 가상현실 만남이 가능한 곳으로 진화하고 있다.

메타버스 세계에서는 공간을 초월한 만남이나 비즈니스가 가능하다.

공룡 전시회를 구하라!

이번에 진수네 동네에서 공룡 전시회가 열릴 예정이다. 공룡을 좋아하는 진수에겐 매우 기대가 되는 전시회였다.

전시회는 3년 전에 지어진 컨벤션 센터에서 3개월 동안 열릴 예정이었다.

현재는 패션 변천사를 한눈에 볼 수 있는 전시회가 진행 중이다.

그런데 지난주 그곳에서 매우 비싼 이탈리아 의류 2점이 사라졌다. 가치가 매우 높은 명품 의류였기 때문에 이 도난 사건은 주최측뿐만 아니라 경찰에서도 범인을 잡기 위해 동분서주

했다.

경찰과 형사들이 동원되어 옷의 행방을 탐문 중이었지만 지금까지는 어떤 단서도 찾을 수 없었다.

그런데 전시회를 총괄했던 담당자는 그 옷이 전시되어 있던 섹션의 담당자 김현수가 의심스러웠다.

그는 전시회 중 상관으로부터 매우 심한 모욕을 당했고 전시회 관리에 큰 스트레스를 받고 있었다. 하지만 경찰 조사에서는 어떤 혐의점도 입증할 수 없어 무혐의로 풀려난 상태였다.

김현수가 범인인지 아닌지는 알 수 없지만 김현수는 결국 매니저로부터 해고를 당했다. 만약 김현수가 정말 무죄라면 억울하게 그 책임을 지고 더구나 범인이란 의심까지 받으며 전시회 도중에 떠나게 된 것이다. 이는 김현수가 범인이 아니라면 매우 억울한 일이지만 범인이 아니라 해도 도난에 대한 책임은 그날의 관리책임자인 김현수에게 일부 있을 수밖에 없었기 때문에 주변에서도 크게 말이 나오지는 않았다.

예정대로 의류 전시회가 끝나자 이곳에서는 공룡 전시회 준비를 시작했다.

우리나라에서는 최근 백악기에 서식했던 프로토케라톱스를 비롯해 새로운 공룡의 발자취와 화석이 발견되면서 화석 연구에 매우 중요한 방향을 제시하게 되었다. 한반도에서 발견된 화석은 아시아와 유럽을 잇는 시발점일 수도 있었기 때문이며 과거 쥐라기와 백악기 시대 지구 연구에도 큰 영향을 줄 수 있을 것이라는 학계의 의견들이 있었다.

이번에 전시하는 공룡 전시회에는 이 공룡 모형과 화석들이 전시될 예정이었다.

그중에서도 특히 사람들의 관심을 끄는 공룡 모형과 화석들이 있었다.

몸길이가 1.8m이고, 몸무게가 180kg에 이르는 초식공룡인 프로토케라톱스를 비롯해 사나운 육식공룡 벨로키랍토르는 단연 인기였다. 하지만 무엇보다 눈에 띄는 것은 코리아노사우루스 보성엔시스였다. 발견된 지역인 보성에서 유래한 코리아노사우루스 보성엔시스는 1.8~2m 크기에 8,500만 년 전에서 8,300만 년 전인 백악기 후기에 살았던 것으로 추정된다.

또한 경상남도 하동군 앞바다 돌섬에서 부경대학교 발굴팀이 발굴한 초식공룡 부경고사우루스 밀레니움아이는 백악기 전기인 1억 3600만 년 전에서 1억 3000만 년 전에 살았을 것으로 추정된다.

초식공룡 부경고사우루스 밀레니움아이는 목이 길고 거대한 몸집을 가진 공룡으로, 15~20m에 이르는 길이와 20~25톤의 몸무게를 가졌을 것으로 추정되는 거대 공룡이었다.

이외에도 한반도에서는 최초로 발견된 뿔공룡 코리아케라톱스 화성엔시스도 전시되기 때문에 공룡마니아들에겐 우리나라에 어떤 공룡들이 서식했는지 한눈에 알 수 있는 매우 소중한 전시회였다.

한반도의 공룡들이란 주제로 시작된 전시회는 처음부터 많은 언론과 공룡마니아들의 관심 속에 수많은 사람들이 다녀

갔다.

그런데 전시회가 시작된 지 3일째 되는 날 사건이 일어났다. 공룡 모형 2점이 훼손되고 금고가 털린 것이다. 도난 금액

은 며칠 동안 입장료로 받은 약 1억여 만 원이었다.

경찰은 의류전시회를 진행했던 회사와 공룡 전시회를 진행한 회사가 같은 것을 확인하고 범인으로 김현수를 체포했다.

이 회사는 한 달을 기준으로 언제나 보안 비밀번호를 정하는데 방법은 날짜와 소수를 조합한 4자릿수로 운영했기 때문에 김현수가 범인이라는 결론을 내린 것이다.

그렇다면 김현수는 어떻게 전시회 보안 비밀번호를 알아낸 것일까?

공룡 전시관의 비밀번호의 규칙은 다음과 같다. 우선 네 자릿수이다. 네 자릿수에서 앞의 두 자릿수는 날짜를 가리킨다. 10일이면 10, 31이면 31이 앞의 두 자릿수이다. 1일이면 01이 앞 두 자릿수이다. 그 다음 두 자릿수는 소수와 관련이 있다. 홀수 날에는 앞의 두 자릿수보다 작은 바로 앞의 소수를, 짝수 날에는 앞의 두 자릿수보다 큰 바로 뒤의 소수를 입력한다.

예를 들어 1일이면 01이 앞의 두 자릿수이며 1보다 작은 소수는 없다. 이럴 때는 두 자릿수에 00을 입력한다. 따라서 비번은 0100이다.

2일이면 02를 입력하고, 2보다 큰 소수는 3이므로 0203이다. 그리고 3일이면 3보다 작은 소수는 2이므로 0302이다. 4일이면 0405이다. 10일이면 1011, 31일이면 3129이다. 이러한 규칙으로 비밀번호가 정해진 것이다.

사건이 일어난 날은 27일이다. 그날은 비밀번호가 2723이다. 따라서 김현수는 규칙에 의해 비밀번호를 알아내 공룡 전시회에 몰래 들어가서 절도를 한 것이다.

해당날짜와 비교하여 바로 앞이나 뒤의 소수를 알면 비밀번호를 알 수 있었던 것이다.

1과 자신의 수로만 나누어지는 특별한 수 - 소수

숫자 중에는 평범해 보이는데 수학적으로 보면 특별한 성질을 가진 수가 있다. 바로 소수prime number이다. 소수는 1과 자신만으로 나누어지는 자연수를 의미한다. 예를 들어 7의 약수는 1과 7이다. 약수가 2개뿐인 수가 바로 소수인 것이다.

숫자는 1과 소수, 합성수로 나눈다. 합성수는 1과 자신 이외의 수를 약수로 가진 자연수를 의미한다.

예를 들어 4의 약수는 1, 2, 4이므로 약수가 3개이다. 합성수는 약수가 3개 이상인 자연수이다. 1은 소수도 합성수도 아니며 소수 중 유일하게 2는 짝수이다.

소수의 개수는 또한 무한개이다. 1에서 1000까지의 소수의 개수는 168개이고, 1에서 10000까지의 소수는 무려 1229개이다. 소수의 개수는 셀 수가 없기 때문에 가장 큰 소수는 아직까지 밝혀지지 않았다.

과학에서 물질의 기본단위를 원소로 하는 것처럼 수학에서는 숫자의 기본단위를 소수로 여기기도 한다.

소수를 찾는 방법은 여러 가지가 있다. 그중 '에라토스테네스의 체'라는 방법이 대표적으로 많이 사용된다.

에라토스테네스의 체는 여러분도 쉽게 해볼 수 있다. 먼저 숫자 1부터 100까지 모두 적는다. 그리고 다음 단계를 따른다.

1 숫자 1은 소수도 합성수도 아니므로 지운다.
2 숫자 2를 제외한 2의 배수는 모두 지운다. 숫자 2는 소수이기 때문에 지우지 않는다.
3 숫자 3을 제외한 3의 배수는 모두 지운다. 숫자 3은 소수이기 때문에 지우지 않는다.
4 숫자 5를 제외한 5의 배수는 모두 지운다. 숫자 5는 소수이기 때문에 지우지 않는다.

5 숫자 7을 제외한 7의 배수는 모두 지운다. 숫자 7은 소수이기 때문에 지우지 않는다.

6 숫자 11을 제외한 11의 배수는 모두 지운다. 숫자 11은 소수이기 때문에 지우지 않는다.

7 위의 과정을 여러 번 반복해 남는 숫자가 소수이다.

1	2	3	4	5	6	7	8	9	10
11	12	13	14	15	16	17	18	19	20
21	22	23	24	25	26	27	28	29	30
31	32	33	34	35	36	37	38	39	40
41	42	43	44	45	46	47	48	49	50
51	52	53	54	55	56	57	58	59	60
61	62	63	64	65	66	67	68	69	70
71	72	73	74	75	76	77	78	79	80
81	82	83	84	85	86	87	88	89	90
91	92	93	94	95	96	97	98	99	100

에라토스테네스의 체

그렇다면 소수를 구하는 공식이 있을까?

아직까지 소수에 관한 공식은 없다.

소수에도 공식이 있을 것으로 생각한 여러 수학자 중에서 메르센Martin Mersenne, 1588~1648은 2의 거듭제곱에서 1을 뺀 2^n-1을 $\mathrm{M}(n)$으로 나타내어 메르센 소수로 불렀다.

그가 고안한 메르센 소수는 모두 소수는 아니지만 소수를 찾는데 중요하며, 지금도 소수를 찾는데 중요한 역할을 하고 있다. 하지만 소수를 찾는 방법 중의 하나일 뿐 소수를 구하는 정확한 공식은 아니다.

n에 1을 대입한 메르센 소수를 살펴보자.

$M(1)=2^1-1=1$인데, 1은 소수가 아니다. 그래서 $M(1)$은 메르센 소수가 아니다. $M(2)$는 $2^2-1=3$이므로 소수가 맞다. 따라서 $M(2)$는 가장 작은 메르센 소수이다. 가장 작은 소수는 2이고, 가장 작은 메르센 소수는 3인 것이다.

놀랍게도 고대 그리스 수학자들은 3, 7, 31, 127이 소수인 것을 이미 알고 있었다. 하지만 그로부터 정말 오랜 시간이 지난 1911년이 되어서야 10번째 메르센 소수 $M(89)$는 $2^{89}-1$이며 27자릿수라는 것이 발견되었다.

25번째 메르센 소수는 6,533자릿수로 1978년 미국의 고등학생 2명이 발견했다.

메르센 소수 M(21701)은 $2^{21701}-1$로 〈뉴욕 타임즈〉 1면에 기사가 실리기도 했다. 발견자들은 25번째 메르센 소수를 발견하기 위해 메르센 소수를 찾는 프로그램을 18일 남짓 실행시켰으며, 증명만 3년이 걸렸다.

25번째 메르센 소수를 발견한 두 학생 중 1명인 놀Landon Curt Noll, 1960~은 다음해에 26번째 메르센 소수를 발견했다.

그가 발견한 메르센 소수 M(23209)는 $2^{23209}-1$이며 6,987자릿수이다.

2018년에는 51번째 메르센 소수가 발견되었다. 51번째 메르센 소수 M(82589933)은 $2^{82589933}-1$로 무려 24,862,048자릿수이다. 이 자릿수를 읽기 위해서는 1초에 숫자 1개씩 읽는다고 가정할 때 1년 가까이 소요되는 엄청난 길이의 숫자라고 한다.

소수와 얽힌 수학의 역사는 매우 깊고 길다.

그중 소수에 대한 유명한 가설이 있다. 아직까지 미해결된 문제로 '골드바흐 추측'으로 부르고 있다.

골드바흐 추측은 2보다 큰 짝수를 2개의 소수의 합으로 나타낼 수 있는가에 관한 가설이다. 이를 나타내면 다음과 같다.

$$4 = 2 + 2$$

$$6 = 3 + 3$$

$$8 = 5 + 3$$

$$10 = 7 + 3 = 5 + 5$$

$$\vdots$$

나열된 것만 본다면 모든 2보다 큰 짝수에서 충분히 성립 가능할 것 같지만 아직 완전한 증명은 이루어지지 못했다.

소수에 관한 가설 중에는 '리만 가설'도 있다. 리만 가설 역시 여전히 미해결 문제이다. 리만 가설에 사용하는 제타 함수는 오일러의 아이디어에서 따온 무한합으로 다음과 같다.

$$\xi(x) = 1 + \frac{1}{2^x} + \frac{1}{3^x} + \frac{1}{4^x} + \cdots$$

x가 1보다 작거나 같으면 $\xi(x)$는 무한대 ∞를 갖는다. 그러나 x가 1보다 크면 유한한 값을 갖게 된다.

수학자 리만은 제타 함수의 값이 0이 되도록 하는 변수 x값에서 흥미로운 점을 발견했다. 그래프 위에 그것들을 점으로 나타내면 모든 점이 같은 직선 위에 존재하는 것을 발견한 것이다.

리만 가설은 제타함수 값이 0이 되는 x의 모든 값(복소수의 실수부가 $\frac{1}{2}$일 때)을 직선 위에 나타나는 임계선에 관한 것으로, 지금도 클레이수학연구소의 7개의 밀레니엄 미해결 문제 중 하나이며 100만 달러의 상금도 걸려 있다.

한편 소수는 생태계에서도 종종 발견할 수 있다.

생명주기가 13년 또는 17년인 주기매미가 대표적인 예이다.

13년 주기매미와 17년 주기매미는 소수의 기간 동안 굼벵이로 땅속에 산다. 이는 주기매미의 천적이 2년, 3년, 5년 주기로 나오는 것을 피하기 위해 선택한 기간이라고 한다. 이 경우 유충기간이 13년인 주기매미와 3년인 천적이 만나려면 39년이 걸린다. 17년인 주기매미와 3년의 천적도 만나려면 51년이 걸린다. 이런 것을 보면 자연의 신비를 느끼게 된다.

주기매미의 유충기간이 소수가 아닌 합성수면 어떻게 될까? 주기매미의 유충기간이 12년이면 3년인 천적과 12년마다 만나게 된다. 따라서 주기매미가 선택한 13년과 17년 주기는 천적을 피해 생존하기에 매우 합리적인 기간이다. 생존율을 높이기 위한 전략인 것이다.

이처럼 소수는 수학자들의 연구과제일 뿐만 아니라 현대사회 인터넷 세상에서 중요한 비번을 만드는 도구이며 자연에서 종종 이용되는 신비한 수이다.

로스모 공식
연쇄살인범의 거주지를 찾아라!

연쇄 범죄의 경우에 지리적 프로파일링을 하는데 많이 사용하는 공식이 있다. 일반적인 수사기법으로는 해결이 어려우므로 수학을 이용한 로스모 공식을 이용한다.

로스모 공식이 사용된다는 것은 범죄와 수학이 관련이 있다는 것을 설명하는 것이다. 패턴이나 규칙에 따라 수학 공식을 설정하여 적용하면 그에 따라 범죄가 해결할 수 있기 때문이다.

심장의 박동이나 나선 로그처럼 일상생활에서도 패턴의 예는 쉽게 찾아볼 수 있다.

로스모 공식 또한 수학의 규칙이란 특성을 잘 이용해 범죄 패턴을 지리적으로 적용한 것이다. 그리고 로스모 공식을 이용한 프로그램으로 범죄의 지리적 분석을 하는 방법은 이제 낯선 것이 아니다.

범죄가 발생하면 범죄 장소를 추론하여 범인의 살만한 주거지로 추정되는 곳인 '핫존'을 알 수 있다. 범죄 전문가는 핫존을 향해 점점 범위를 좁혀가면 범죄자의 거주지를 대략 파악하거나 알 수 있다.

로스모 공식은 다음과 같다.

$$p_{ij} = k\sum_{n=1}^{c}\left[\frac{\phi}{(|x_i - x_n| + |y_j - y_n|)^f} + \frac{(1-\phi)(B^{g-f})}{(2B - |x_i - x_n| - |y_j - y_n|)^g}\right]$$

첫 번째 범행장소는 (x_1, y_1)으로, 두 번째 범행장소는 (x_2, y_2)로, 세 번째 범행장소는 (x_3, y_3)…… 등으로 표시하며, 로스모의 공식을 풀기위해서는 중심점 (x_i, y_j)으로부터 범죄 장소 (x_n, y_n)가 얼마나 떨어져 있는지를 계산한다. 첫번째 항의 분모인 $|x_i - x_n| + |y_j - y_n|$이 그것을 나타낸다.

분모의 항에 f 제곱을 하고. 분자의 가중치 ϕ를 나타내면 첫 번째 항에 대해서는 '범죄 발생 빈도는 거리가 멀수록 줄어든다'로 수식을 해석할 수 있다. 두 번째 항의 B는 버퍼존(심리적 안정지역)의 크기를 나타내는 숫자이다. $2B$라는 숫자에서 $|x_i - x_n| + |y_j - y_n|$를 빼준 후 g제곱을 하면 분모가 더 작아져서 첫 번째 항보다 분모값은 크다. '자신의 신분이 드러나는 것을 두려워 하는 범죄자는 거주지와 가까운 곳에서는 범행을 하지 않는다'는 버퍼존 이론으로 이 수식을 해석한다. 여기서

두 항에 영향을 주는 가중치 ϕ값을 크게 선택하면 거리가 멀어질수록 확률이 낮아지고, 작게 선택하면 버퍼존의 효과를 높일 수 있다.

P_{ij}는 범인의 거점확률로 상수 k에 첫번째 항과 두번째 항을 모두 더한 값을 곱한 값이 된다. f, g, B, ϕ, k는 과거의 데이터나 범죄의 종류를 반영한다.

이 모든 것을 계산한 후 핫존 지도를 제작한다.

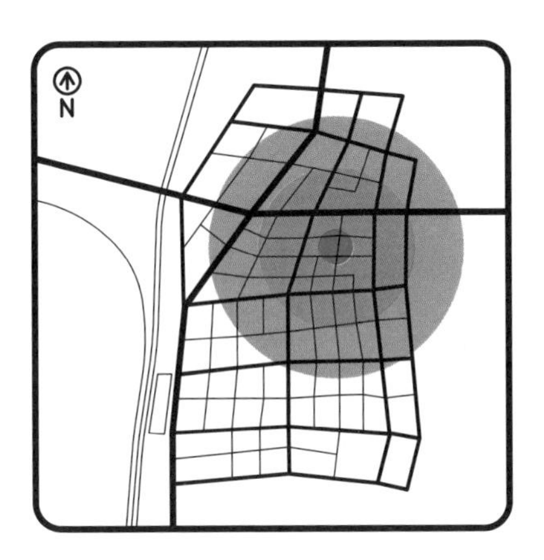

범행확률이 높은 지점은 푸른색으로 칠하고 확률이 좀더 낮은 곳은 회색, 그보다 조금 더 낮은 확률의 지점은 밝은 푸른색으로 나타낸다. 확률이 현저하게 낮은 곳은 칠하지 않는다.

로스모 공식은 흔히 범죄자의 거주지와 직장을 핫존 지역 2군데를 분석해 찾아낸다. 실제로 로스모의 공식을 이용해 저격범을 검거한 사례도 있다.

현재까지도 로스모 공식을 이용한 범죄자 수학은 로스모가 설립한 환경범죄학연구소Environmental Crimininology Research Inc/ECRI의 특허를 받은 컴퓨터 프로그램 라이젤로 효과적으로 프로그래밍화하여 수많은 경찰과 범죄학자들이 이용하고 있다.

수학 선생님의 사라진 반지

2학년 2반 수요일 2교시는 수학시간이었다. 최근 결혼해 아직 반지가 손에 익지 않은 수학 선생님은 결혼반지가 거추장스러워 잠시 빼서 교탁 위에 올려놓았다.

수업이 끝난 후 교무실로 돌아온 선생님은 허전한 손을 살펴본 후 수업시간에 빼놓았던 반지가 떠올랐다.

누군가 보았다면 가져왔을 거 같은데 아무도 오지 않은 것으로 보아서는 아직 그 자리에 있겠구나 생각하며 다시 교실로 가봤지만 반지는 사라지고 없었다.

수학 선생님은 고민에 빠졌다.

누군가가 가져갔다면 범인을 잡아야 하는데 학생일 가능성이 높다. 그리고 학생의 수는 총 30명이었다. 모두를 모아놓고 반지를 달라고 해야 할지 그런데도 반지가 나오지 않는다면 한 명 한 명 학생을 불러서 확인해야 할지 고민했다. 또 자신의 부주의로 반지가 다른 곳으로 굴러갔거나 다른 곳에 반지를 두었다면 학생들을 범인으로 보고 반지를 찾은 자신의 행동은 선생님으로서 바람직하지 않다는 것도 걸렸다.

정확하지 않은 기억력 때문에 어떻게 반지를 찾아야 할지 고민에 빠진 수학 선생님의 모습을 본 학생들이 있었다. 민용이와 진수, 정원이였다.

선생님이 반지를 잃어버린 것을 알게 된 민용이와 진수 그리고 정원이는 어떻게든 선생님을 돕고 싶었지만 뾰족한 수가 없었다.

다음날 등교한 민용이와 윤철이는 반 아이들이 칠판 앞에 모여 웅성거리는 모습을 보았다.

"뭐야? 뭔데 그래?"

민용이의 말에 정원이가 칠판을 가리켰다.

거기에는 큰 메모장에 적힌 쪽지가 다음과 같은 모양으로 붙어 있었다.

필체를 알 수 없도록 프린트된 메모였다.

"뭐야? 누가 이런 장난을 치는 거야? 너무 악질이잖아."

"선생님 반지를 먼저 찾고 범인은 나중에 찾자. 지금은 선생님 반지 찾는 것이 더 급해."

웅성거리던 학생들은 일제히 가장 수학을 잘하는 민용이와 진수를 쳐다보았다.

"오케이. 해볼게. 그런데 피보나치수열로 반지를 찾으라고 하는데 그걸 어디에 적용해야 하는 거야?"

무턱대고 피보나치수열로 반지를 찾으라고 하니 이건 정말 난감했다.

민용이는 2주 전에 배운 피보나치수열 수업을 떠올렸다. 수학 선생님은 토끼의 번식을 통해 피보나치수열을 증명했었다.

수학을 잘하는 민용이와 진수를 중심으로 모두 머리를 굴려봤지만 아무것도 알 수 없었다.

결국 아무것도 알아내지 못한 채 그렇게 그날 하루는 끝이 났다.

다음날 아침 또 칠판에는 포스트잇이 붙어 있었다.

"황금사각형에서 반지를 찾아라."

'이건 수학 선생님을 놀리는 건가?'

두 번째 쪽지를 보면서 민용이는 범인이 누군지 무슨 생각으로 이런 일을 벌이는 건지 너무 궁금해졌다.

반 아이들은 2개의 쪽지를 수학 선생님께 알린 후 모두 모여 쪽지가 무엇을 말하는지 각자 생각나는 대로 말하기 시작했다.

아이들이 떠드는 소리 속에서 민용이와 진수는 피보나치수열을 적용할 수 있는 황금사각형으로 학교에 어떤 것이 있는지 생각해보았다.

황금 사각형은 황금비가 1.618인 직사각형으로 가로가 세로의 길이보다 1.618배 더 긴 직사각형이다.

황금 사각형에 해당되는 교실 속 물건을 떠올린 아이들은 먼저 칠판을 뒤져보기 시작했다. 하지만 칠판에는 반지를 숨길 만한 곳이 없었다.

칠판이 아닌 것을 확인하자 황금비가 적용되는 또 다른 물건이 무엇이 있을지 아이들은 의견을 내놓기 시작했다.

"꼭 교실 안에 있을 거라고 생각하면 안 되지 않을까? 길이를 피보나치로 생각하면서 황금비도 같이 떠올려야지."

진수의 말에 정원이는 운동장과 교무실을 떠올렸다. 그중 운동장은 흙 속에 반지를 숨길 수 있어 최적의 장소일 것 같았다. 하지만 소중한 결혼반지를 운동장에 숨겼을까? 아무리 생각해도 범인이 재미로 이런 거라는 생각에 반지를 운동장에 숨길 거 같지는 않았다.

"반지를 상자에 담아 숨기면 아무 이상 없잖아. 그리고 꼭 흙속에 숨겼다는 보장도 없고."

진수의 말에 정원이와 민용이는 본격적으로 운동장에 숨겼다면 어디에 숨겼을지 고민해보기 시작했다.

운동장의 가로의 길이는 320m이고, 세로의 길이는 200m이다. 따라서 가로의 길이 : 세로의 길이의 비는 1.6 : 1로 황금비 1.618 : 1에 가깝다.

그렇다면 과연 어디를 찾아봐야 할까? 축구 코트처럼 누구나 쉽게 접근하고 개방된 곳에 반지를 숨겼을 거 같지는 않았다. 모래 속에 숨겼다면 너무 광범위해서 반지의 흔적을 찾기 힘들 것이다. 그렇다면 황금비를 이용해 수학으로 숨겨진 반지의 위치를 계산할 수 있을까?

어쩌면 운동장 안에서 황금비의 범위를 축소해나가면서 반지의 행방을 찾아보는 것이 가능할지 모른다는 생각에 반 아이들은 눈을 반짝이며 본격적으로 계산하기 시작했다.

그리고 반지를 찾을 수 있었다.

여러분은 아래 운동장 중 어디에서 반지를 찾아야 할지 생각해보아라.

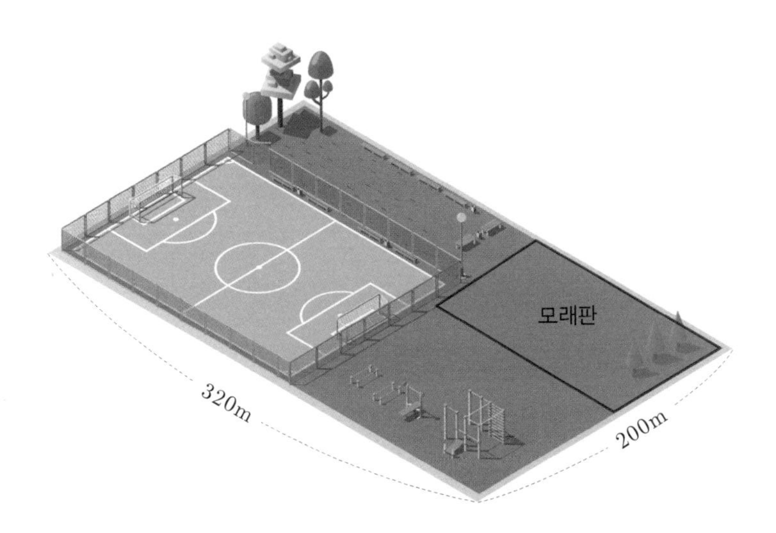

황금비 1.6:1을 여러 번 적용하면 다음 그림처럼 숨겨진 위치를 대략 추정할 수 있다.

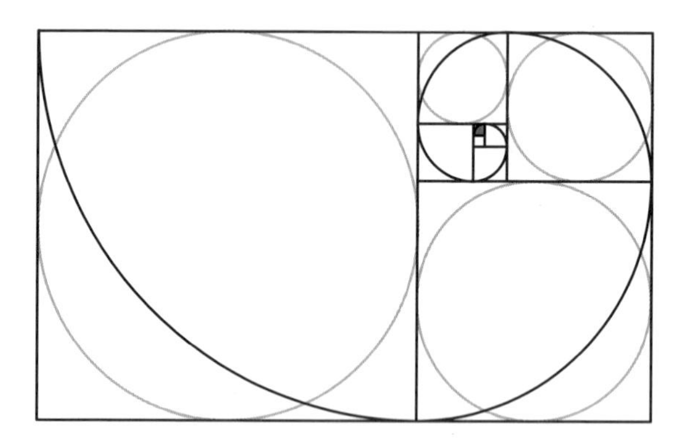

계속 1.6:1로 직사각형을 작게 그려나가는 것이다. 파란 표시가 된 위치가 반지의 은닉 장소로 추정되는 곳인데, 진수와 정원이가 운동장에서 해당 장소를 파헤쳐본 결과 실제로 반지를 찾을 수 있었다.

"정말 등잔 밑이 어둡구나!"

반지를 찾은 선생님은 매우 기뻐하며 반 아이들을 칭찬했다.

그런데 누가 반지를 숨기고 장난을 친 것일까?

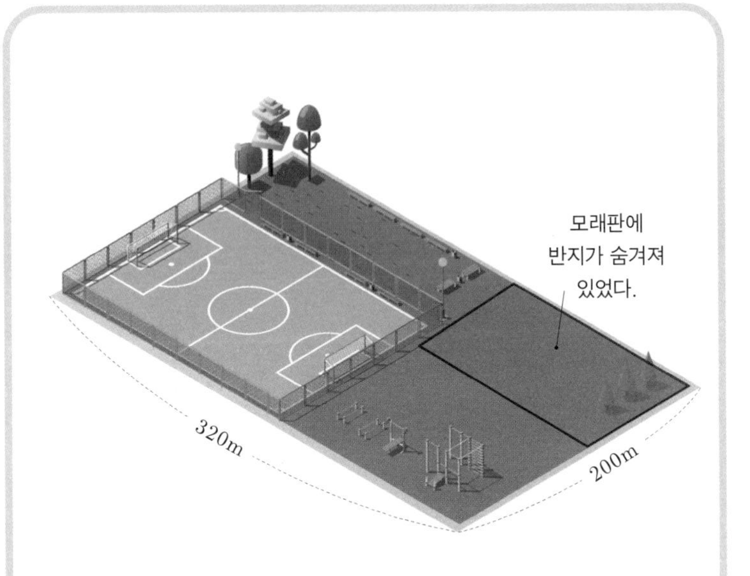

민용이는 범인이 분명 수학을 잘 하지만 장난 많고 수학 선생님을 골탕 먹이고 싶었던 사람일 것이라고 생각했다. 그런 사람이 누가 있을까 생각해 보던 민용이는 곧 아무나 의심할 수는 없어 추리하는 것을 그만두었다.

아름다운 수 - 피보나치수열과 황금비

상인이자 세관원의 아들로 태어난 피보나치Leonardo Fibonacci, 1170~1250는 어려서부터 부친을 따라 지중해 연안을 돌아다니면서 많은 것을 보고 배웠다. 그가 배운 것 중에는 인도의 아랍식 숫자와 상인들에게 배운 다양한 산술도 있었다.

이와 같은 배움을 바탕으로 피보나치는 1202년 《산반서Liber Abaci》를 저술하면서 흥미로운 수열을 소개했다. 바로 피보나치수열이 등장한 것이다.

피보나치수열의 예로 가장 잘 알려진 것은 토끼의 번식이다.

토끼는 빠른 번식으로 유명하다.

여기 들판에 토끼 한 쌍이 풀렸다. 이 한 쌍은 첫 번 째 달에는 아직 새끼 토끼이므로 번식을 할 수 없다. 하지만 1개월이 지난 후 짝짓기를 한 토끼 한 쌍은 아기 토끼 1쌍을 낳는다. 이제 2쌍이 된 것이다.

계속해서 2개월 후에는 처음의 1쌍이 1쌍의 토끼를 낳고, 1개월에 태어난 1쌍은 아직 새끼 토끼이므로 번식을 하지 않는다.

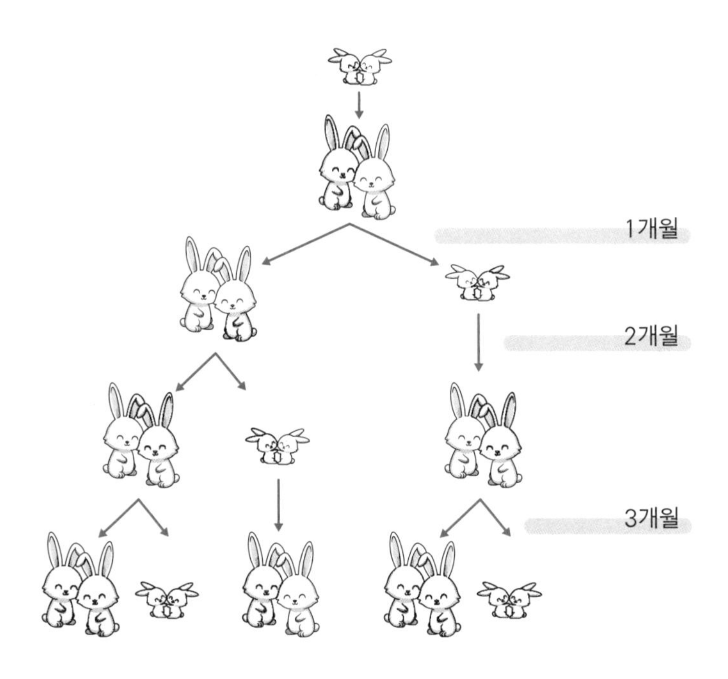

3개월이 되면 부모 토끼가 또 새끼 토끼를 낳고, 1개월에 태어난 첫 번째 토끼들이 번식해 새끼 토끼를 낳으며 2개월에 태어난 토끼들은 아직 새끼 토끼이므로 번식을 하지 않는다. 이렇게 해서 3개월이 되면 토끼는 전부 5쌍이 된다.

4개월이 되면 주기에 따른 토끼들이 태어나며 이와 같은 패턴이 계속 유지된다면 토끼는 어떤 방식으로 늘어나고 있을까? 이것을 계산할 수 있을까?

이것을 숫자로 나열하면 1, 1, 2, 3, 5, 8, 13, 21, 34, 55, 89, 144, 233, ……로 계속된다. 숫자는 앞의 두 숫자의 합으로 생성되는 것이다.

피보나치수열에서 임의로 연속하는 두 숫자에서 뒤의 숫자와 앞 숫자를 선택해 나누면 약 1.618이다. 이것이 바로 황금비이다.

$f(n)$	$\frac{f(n+1)}{f(n)}$	$f(n)$	$\frac{f(n+1)}{f(n)}$
1	1	233	1.618025751
1	2	377	1.618037135
2	1.5	610	1.618032787
3	1.666666667	987	1.618034448
5	1.6	1597	1.618033813
8	1.625	2584	1.618034056
13	1.615384615	4181	1.618033963
21	1.619047619	6765	1.618033999
34	1.617647059	10946	1.618033985
55	1.618181818	17711	1.61803399
89	1.617977528	28657	1.618033988
144	1.618055556	46368	

피보나치의 수열에서 황금비는 1.618에 근접한다는 것을 알 수 있다.

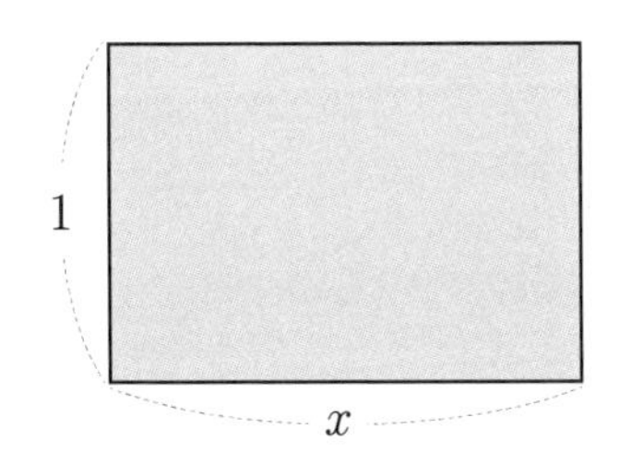

이 황금비를 기하학과 방정식을 이용하여 구하는 방법이 있다.

먼저 가로의 길이가 x이고, 세로의 길이가 1인 직사각형을 생각한다. 단 가로의 길이는 세로의 길이보다 더 길다.

여기서 가로의 길이와 세로의 길이가 1인 정사각형을 잘라내면 남은 직사각형과 원래 직사각형은 똑같은 성질이 남는다.

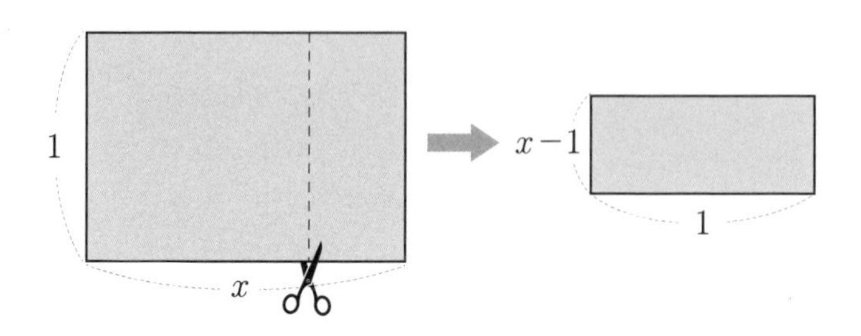

원래의 직사각형과 자르고 남은 직사각형의 가로와 세로의 길이의 비를 비례식으로 세우면 $x:1=1:x-1$이다.

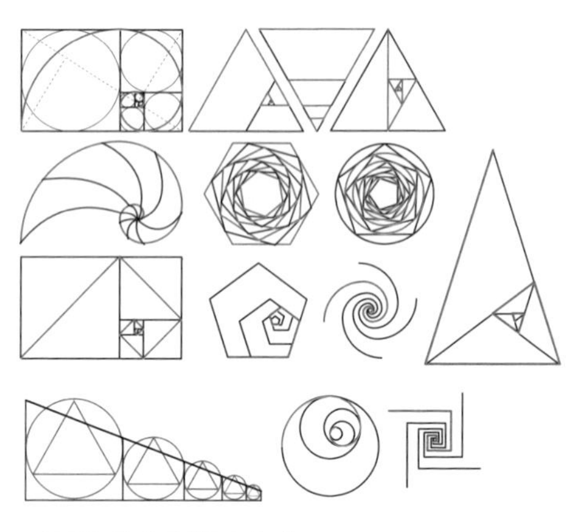

다양한 형태의 황금비 예

이차방정식을 세우면 $x^2-x-1=0$이며 근을 구하면 $x=\frac{1\pm\sqrt{5}}{2}$이다. 이때 $\frac{1-\sqrt{5}}{2}$는 음수이므로 길이가 아니다. 따라서 $\frac{1+\sqrt{5}}{2}$는 황금비로 약 1.618이다.

캠핑장에서 생긴 일

민용이의 학교에서는 전교생 모두 6월 15일에 여름 캠핑을 갔다. 장소는 칠보산 아래에 있는 캠핑장이었다.

칠보산 중간에는 관측대가 있는 캠핑장이 하나 더 있었다. 민용이네 학교에서 간 Q캠핑장에서 P캠핑장까지는 3.5km 정도의 거리였다. 민용이네 학교 학생들이 있는 캠핑장과 P캠핑장이 있는 형태는 다음과 같다.

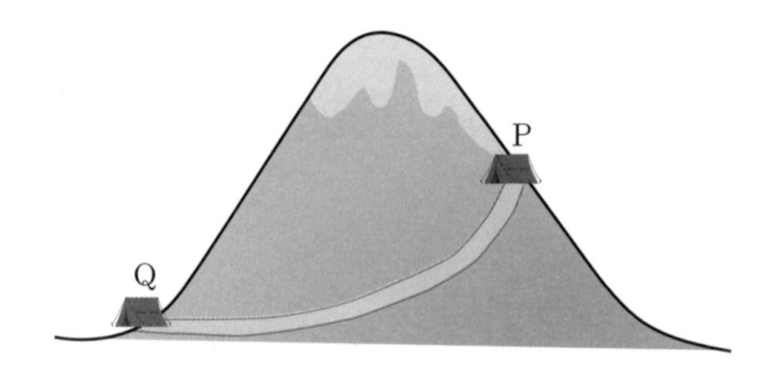

P캠핑장은 관측대와 큰 어항으로 유명했는데 그곳에 있는 어항 속 희귀 물고기들을 보기 위해 캠핑장을 가는 사람들이 많을 정도로 이 어항은 매우 인기가 있었다.

그런데 그 어항 속 물고기들이 모두 죽는 사고가 일어났다.

관측대 캠핑장은 이 사건으로 난리가 났고 범인을 잡기 위해 경찰들이 수사를 시작했다. 그리고 새벽에 어항을 구경하러 Q캠핑장을 떠나 P캠핑장으로 향했다가 그 광경을 목격하고 신고했던 정원이가 범인으로 몰렸다.

정원이는 절대 아니라고 했지만 정원이가 범인이라는 관계자의 증언 때문에 꼼짝없이 범인으로 몰릴 수밖에 없었다.

"전 절대 범인이 아니라구요. 아 진짜 정말 억울해요. 전 그냥 단지 물고기가 보고 싶었을 뿐이라고요. 그리고 제가 범인이면 왜 신고를 했겠어요. 그냥 도망치지."

"니 나이의 애들이 그 시간에 일어나 물고기를 보러 갔다고? 그게 말이 돼? 그냥 낮에 가도 되는데? 그리고 널 목격한 목격자가 있으니까 범인인 거 밝혀질까 봐 미리 발뺌하려고 신고한 거 아냐? 그럼 네가 범인이 아닌 증거를 대봐."

"아, 물고기 좋아하는 것도 죄예요? 제가 뭐 하러 물고기를 죽여요. 왜요? 그리고 누가 범인인지는 경찰이 찾는 거잖아요. 그럼 제가 범인인 증거가 뭔데요? 저를 목격자로 몰아간 사람이 범인일 수도 있잖아요."

정원이가 완강하게 부인하자 경찰은 고민에 빠졌다.

그런데 학생들의 인솔책임자였던 수학 선생님이 관리인 전호중과 정원이의 말을 듣고 누가 거짓말을 하고 있는지 수학적으로 증명해 범인이 누구인지 밝혀냈다.

먼저 P지점 캠핑장 관측대를 지키던 관리인 전호중은 관측대에서 나와 민용이네 학교 학생들이 있는 캠핑장 쪽으로 내려오다가 등산 중이던 정원이와 마주쳤다고 했다. 그가 관측대에서 나올 때까지도 어항 속 물고기들은 유유히 헤엄치며 살아 있었다는 것이 그의 주장이었다.

정원이는 오르막길이었고 전호중은 내리막길이었기 때문에 오르는 사람이 내려오는 사람보다 힘과 시간이 많이 들게 된다.

이때 정원이의 속력은 3km/h이고 전호중은 4km/h이었다.

전호중이 Q캠핑장에 도착해서 시계를 봤더니 5시 52분 30초를 가리키고 있었다고 진술했다.

정원이는 P캠핑장에 도착해서 핸드폰으로 시간을 확인했더니 6시 10분이었다고 했다. 또한 정원이가 Q캠핑장에서 P캠핑장을 향해 출발한 시간은 오전 5시였다고 대답했다. 전호중은 관측대에서 5시 20분에 출발했다고 진술했다.

6월 1일 일출 시각은 오전 5시 11분이었다. 그리고 오늘은 6월 15일이므로 오늘의 일출 시각도 고려해야 한다. 과연 정원이가 캠핑장에서 산 정상을 향한 출발 시각이 맞는 것일까? 그리고 전호중이 관측대에서 출발했다는 시각은 맞는 것일까? 두 사람의 서로 다른 시각 진술은 차이가 난다. 전호중이 주장한 내용과 정원이가 주장한 일출 시각은 20분의 차가 있는 것이다.

그렇다면 선생님이 수학을 이용해 계산했을 때 둘 중 누가 과연 거짓말을 하고 있는 것일까?

우선 일출 시각부터 보자.

정원이는 오전 5시에 일출이 시작되기 전의 광경을 보며 산을 올라가기 시작했다고 했다. 전호중은 일출 직전에 출발했다고 주장했다. 그런데 정원이의 말대로 전호중이 5시 20분에 떠났으면 이미 일출 시각이 경과했을 때이다.

수학 선생님은 정원이와 전호중이 만난 시간을 계산함으로써 정원이가 진실을 말하고 있음을 밝혀냈다.

선생님은 다음과 같은 추론을 했다.

정원이는 평소에 자주 시간을 확인하는 습관이 있으며 이 날도 산에 오르기 전에 시간을 확인했다. 또한 전호중과 마주쳤을 때도 시각을 확인했는데 핸드폰의 시계는 5시 30분을 나타내고 있었다.

전호중이 진실을 말해 5시 20분에 출발했으면 두 사람이 만난 지점을 확인하면 10분 만에 정원이를 마주친 것이 된다, 그런데 거리와 속도를 계산하면 10분 만에 정원이와 만날 수 있는 거리가 아니었다. 이것에 대해서는 뒷부분에 더욱 자세히 설명할 예정이다.

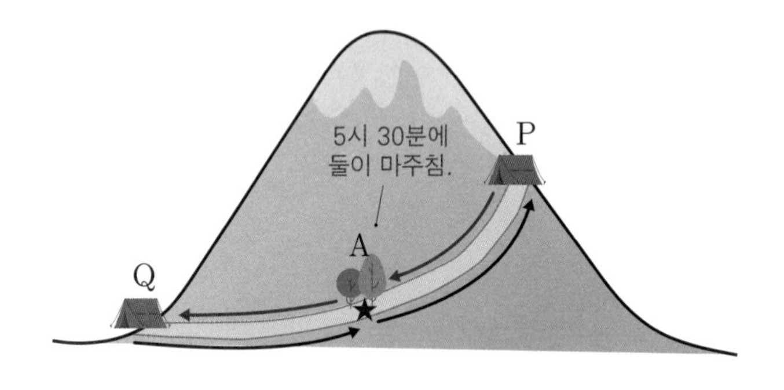

캠핑을 간 날짜는 6월 15일이다. 6월 1일에 일출 시각은 5시 11분이었다. 수십 년 째 한국천문 연구원의 기상관측을 토대로 보아도 일출시간이 6월 중순은 하지에 가까워지는 날

짜이기 때문에 실제로 5시 11분보다는 조금 더 일출 시각이 빠르다. 그래서 5시 5분에서 10분 사이로 예상할 수 있다. 실제로 5시 9분이 일출 시각이었다. 따라서 전호중의 주장대로 5시 20분이 일출 시각이 될 수 없다. 이것만 보아도 전호중의 주장은 거짓이다. 전호중이 출발한 시각은 분명 일출 시각 이전이다.

또 정원이가 P에 도착했을 때 관측대 안의 어항의 물은 전부 빠져 있었다. 평소 어항에는 물이 가득 채워져 있었다. 그렇다면 누가 어항의 물을 모두 빼버린 것일까? 정원이는 어항의 상태를 봤을 때 물이 빠진 지 얼마 되지 않았을 것으로 추측했다.

동시에 누가 무슨 이유로 어항에서 물을 빼낸 것인지 궁금해졌다.

수학 선생님의 증명으로 경찰은 관리인 전호중이 거짓말 하는 것으로 판단하고 그를 추궁했다. 그리고 범인은 전호중이 맞았다.

전호중이 P캠핑장을 떠난 시각은 정원이가 Q캠핑장을 떠난 시각과 같다는 것도 밝혀졌다.

관리인 전호중은 금괴를 훔쳐 어항 안에 숨긴 채 주변이 잠잠해지길 기다렸다가 때가 되었다고 느끼고는 어항 속에 숨긴 금괴를 꺼내려고 물을 빼고, 금괴를 땅에 묻다가 실수로 어항을 깨버렸다. 도중에 정원이를 만났을 때는 남자애들의 못된 장난으로 일어난 사건으로 몰려는 즉흥적인 계획까지 세운 전호중은 태연하게 Q캠핑장으로 걸어간 것이다.

어항의 크기는 가로, 세로, 높이가 102cm, 47cm, 55cm이다. 그리고 어항의 두께는 가로, 세로, 높이가 각각 1cm이다.

숨긴 금의 부피와 희귀 물고기 및 어항 부속물들의 부피를 모두 합하면 50,000cm^3(50ℓ) 정도였을 때 이 어항에는 얼마의 물이 담겨 있었을까? 또 어항의 물을 1분에 10ℓ씩 뺄 수 있다면 어항의 물을 모두 빼는 데는 얼마의 시간이 걸렸을까?

일차방정식, 부피 구하기, 합동

일차방정식

전호중과 정원이가 만난 시각과 이동거리에 관한 일차방정식을 먼저 세워보자. 이를 위해 거리, 속력, 시간에 관한 공식을 적용한다.

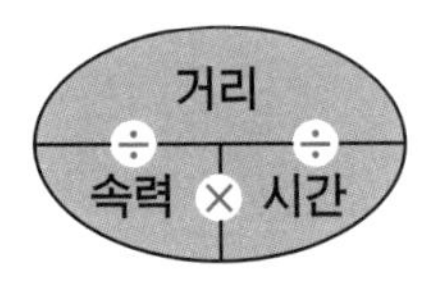

거리 = 속력 × 시간　　시간 = $\frac{거리}{속력}$　　속력 = $\frac{거리}{시간}$

계속해서 수직선으로 거리, 시간, 속력을 나타낸다.

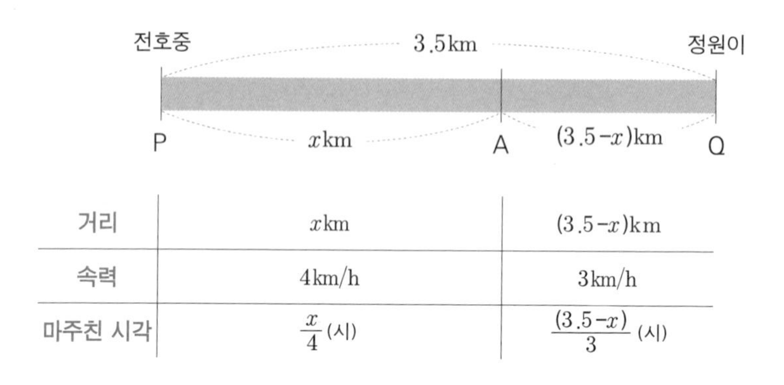

거리	$x$km	$(3.5-x)$km
속력	4km/h	3km/h
마주친 시각	$\frac{x}{4}$(시)	$\frac{(3.5-x)}{3}$(시)

여기서 A는 둘이 만난 시각이다. 둘이 만난 시각은 원하는 기호를 자유롭게 써도 좋다. 예를 들어 B 또는 W든 원하는 대로 써도 된다.

둘이 만난 시각으로 일차방정식을 세우면 $\frac{x}{4}=\frac{(3.5-x)}{3}$이다. x를 풀면 2이다. 즉 전호중과 정원이가 만난 시각은 $\frac{x}{4}$와 $\frac{(3.5-x)}{3}$의 x에 2를 대입한 $\frac{1}{2}$(시)이다.

1시간은 60분이므로 $\frac{1}{2}$시간은 30분이다.

A의 시각은 5시 30분이다. 5시 30분에 서로 만난 것이다. 전호중의 속력은 4km/h이므로 걸린 시간은 $3.5 \div 4 = 0.875$(시)이다. 분으로 나타내면 $0.875 \times 60 = 52.5$(분)이다.

5시 52분 30초에 P캠핑장에서 Q캠핑장까지 도착했다.

정원이는 속력이 3km/h이므로 $3.5 \div 3 = 1\frac{1}{6}$(시)이며 분으로 나타내면 $1\frac{1}{6} \times 60 = 70$(분)이다. 그러면 Q에서 P까지 1시간 10분 걸렸다. 따라서 정원이가 P에 도착한 시각은 6시 10분이다.

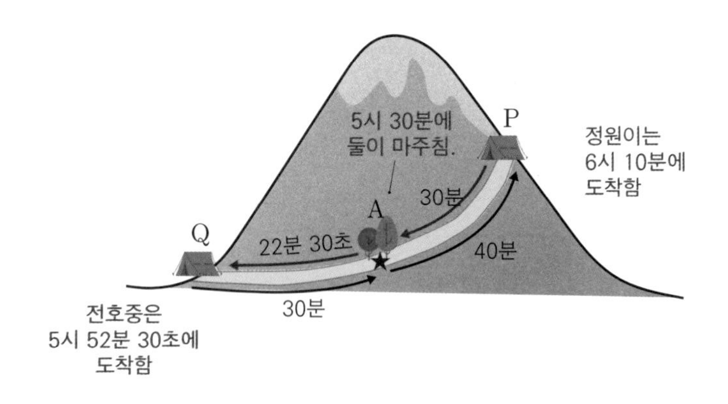

이를 수학적으로 계산하면 전호중은 오전 5시에 P캠핑장에서 Q캠핑장으로 출발했다는 것을 증명할 수 있다.

부피

어항의 부피를 구하는 방법은 '가로×세로×높이'이다. 가로, 세로, 높이가 102cm, 47cm, 55cm인 어항의 유리 두께는

1㎝이므로 가로, 세로에서 각각 2㎝, 높이에서 1㎝씩 뺀 것을 서로 곱한 후 1000으로 나누면 ℓ로 계산이 된다.

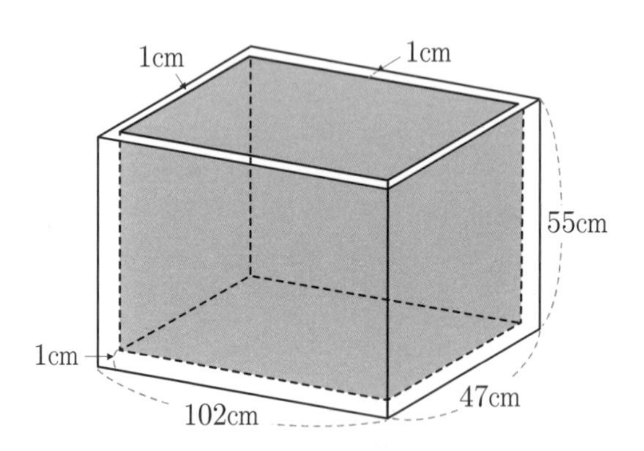

따라서 가로, 세로, 높이를 곱한 부피는 (102－2)×(47－2)×(55－1)÷1000＝243ℓ가 되는데 전호중이 숨겨놓은 금과 물고기 및 어항을 꾸민 부속물을 합한 전체의 부피인 50ℓ를 빼야 한다.

따라서 243ℓ－50ℓ＝194ℓ이며 1분에 10ℓ의 물을 뺄 수 있다고 했으므로 20분이면 어항의 모든 물을 충분히 뺄 수 있다.

그래서 전호중은 20분 동안 어항의 물을 빼고 훔친 금을 근처 마당에 묻고 출발했다. 다른 사람들이 눈치채지 못하도록 훔친 금괴를 잘 묻어야 했기 때문에 금괴를 묻는 데 걸린 시간도 20분여 분이 소요되었다고 한다. 그래서 그가 물을 빼서 금괴를 꺼낸 뒤 마당에 묻기까지 필요로 했던 시간은 약 40분이다. 이를 토대로 두 사람이 각각의 캠핑장을 출발한 시각은 둘 다 5시이며, 전호중은 4시 20분에 범행을 저지르기 시작한 후 5시에 떠난 것으로 밝혀졌다.

합동

전호중의 범죄는 처음에는 의심되는 것들이 있었다. 그는 왜 안전하게 장갑을 끼고 금괴를 묻지 않았을까?

물론 전호중도 처음에는 장갑을 끼고 금괴를 만졌었다. 하지만 물에 젖은 금괴를 만진 장갑은 곧 축축해져 기분이 나빠진 전호중은 결국 장갑을 벗었고 금괴에서 그런 그의 지문이 나오면서 전호중의 범행이 증명되었다.

범죄자를 잡기 위해 필수적으로 확인하는 지문은 현대사회에서는 더더욱 많은 곳에 쓰이기 시작했다. 대표적인 것이 핸드폰의 잠

금과 해제이다, 은행의 인터넷뱅킹에서도 홍체 인식과 함께 지문인식도 쓰인다.

인간은 모든 사람이 각각 고유의 지문을 가지고 있다. 자신만이 가진 고유 특징인 것이다. 이러한 특성을 이용해 차 열쇠 대신 지문으로 차문을 여는 시스템도 개발되었다.

그렇다면 범죄 현장에서 발견된 지문은 어떤 과정을 거쳐 증거로 활용되는 것일까?

여기에도 수학적인 방법이 이용된다. 범인의 범행을 증명할 때 사용하는 지문은 현장 지문과 범인의 지문을 대조할 때 '합동'이라는 수학적 성질을 이용하기 때문이다.

합동은 두 도형의 모양과 크기가 서로 동일하여 완전하게 포개지는 성질을 의미한다.

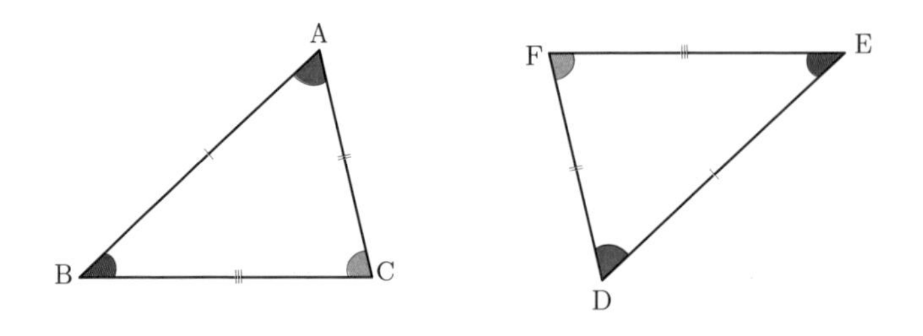

삼각형 ABC와 삼각형 DEF는 세 변의 길이가 같고, 세 개

의 대응각의 크기가 서로 같으므로 합동이다.

또한 지문은 분류할 때 다음 모양처럼 5가지로 크게 분류한다.

궁상문은 활 모양을 닮아서 지어진 지문의 형태이다. 정기문과 반기문은 고리 모양을, 쌍기문은 두 개의 고리 모양을, 와상문은 소용돌이 모양을 갖기 때문에 이름이 지어졌다. 지문의 형태는 5가지로 크게 나누어지고 더 세밀히 나누어져 보관한다. 범죄 현장에서 채취한 지문은 이 지문들과 대조 작업을 거쳐 범인을 잡게 된다.

과학적 방법도 수학적 이론을 바탕으로 하고 있는 것이다.

온라인 수색

경찰청 국가 수사본부가 증거수집이 어려운 사이버 범죄의 증거를 확보하기 위해 범죄 피의자의 휴대폰이나 컴퓨터를 실시간 해킹하는 '온라인 수색'의 도입을 검토 중이다.

온라인 수색은 범죄행위에 대한 강력한 처벌과 근원을 뿌리 뽑고자 하는 국내 여론의 지지에 힘입어 범죄 해결력을 높이기 위한 방법으로 거론되고 있다.

온라인 수색을 하면 범죄의 증거를 최대한 확보할 수 있으며 재판을 할 때 증거가 중요한 판사에게 더 많

은 범죄 증거를 제시할 수 있다. 또한 정확하고 빠른 범죄 수사가 가능하다는 장점을 갖추게 된다. 그중에서도 아동과 청소년을 대상으로 한 디지털 성범죄나 가상화폐를 비롯한 금융 범죄를 조사할 때 온라인 수색은 매우 정확하고 중요한 증거확보를 제공할 수 있다.

그러나 온라인 수색은 문자 메시지에 악성 코드를 심어 금융 및 개인 정보를 탈취하는 '스미싱'과 유사하며 지나친 정보수집과 나아가서는 기본권 침해에 대한 우려로 아직 본격적으로 이용되지는 못하고 있다.

그런데도 IT 세상이 된 현재 미국과 독일에서는 범죄 예방과 수사의 목적으로 온라인 수색을 하는 중이다. 우리나라 역시 도입을 검토 중이며 온라인 수색의 남용에 관한 문제점 해결 방안이 마련되는 대로 본격적으로 활용될 가능성이 높다. 그중에서도 개인의 사생활의 침해에 대한 우려를 불식시킬 수만 있다면 언제든 현실화될 것으로 보인다. 동시에 온라인 수색의 정당성과 투명성이 확실하게 담보되어야 하는 것도 중요하다.

현대사회는 사이버 세상이 본격적으로 이루어지고

있으며 따라서 온라인 수색은 반드시 이루어질 것임은 확실하다. 또 사이버 세상 속 범죄가 매우 중요해지는 만큼 온라인 수색의 권한 범위를 확실히 정하여 기본권 침해가 이루어지지 않도록 관련규정을 정하면서 범죄자를 잡아낼 수 있다면 지능화되고 사이버화되는 범죄가 일어나기 전 예방할 수 있는 방법으로도 매우 효과적일 것이다.

영리하게 계산하라!
수학적 논리로 감옥에서 탈출하기

공룡 전시회를 털었던 김현수는 패션 전시회 때 알게 되어 공룡 전시회 보완에 헛점을 만들어 자신을 도운 경비업체 직원과 취조를 받게 되었다.

경찰은 두 사람의 범행에 대한 증거가 모이자 이들을 검찰로 넘겼다. 검사는 증거들을 충분히 검토한 뒤 김현수와 경비업체 직원을 각각 다른 취조실에 불러내더니 두 사람에게 포커 게임 같은 제안을 했다. 그것은 일체의 범죄를 자백한 자에게 형량을 줄여 준다는 달콤한 제안이었다.

검사가 제시한, 자백했을 때와 하지 않았을 때 받게 될 형량은 다음과 같았다.

		경비업체 직원	
		침묵	자백
김현수	침묵	둘 다 2년	김현수 10년
	자백	경비업체 직원 10년	둘 다 5년

공룡 전시회의 중요한 유물을 훔치고 훼손한 김현수와 경비업체 직원 모두 침묵하면 입증된 범죄사실에 대해 수사만 완결된 것이므로 둘 다 2년형을 받게 된다.

하지만 김현수가 모든 사실을 자백하고, 경비업체 직원이 침묵한다면 김현수는 범죄에 대해 자수하고 많은 정보를 제공했으므로 석방된다. 대신 경비업체 직원은 10년형을 받는다.

반면에 경비업체 직원이 자백하고 김현수가 침묵한다면 경비업체 직원은 석방되지만 김현수는 10년형이다. 어느 한쪽이 배신하면 한쪽은 석방하지만 다른 한쪽은 형량이 매우 늘게 되는 것이다. 그리고 둘 다 자백하면 각각 징역 5년형을 받는다.

이와 같은 상황에서 가장 좋은 선택은 둘 다 자백하지 않고 버티는 것이었다. 그런데 김현수는 불안해졌다. 자신은 버틸 생각이었지만 만약 경비업체 직원이 자백한다면? 그렇게 되면 자신은 2년형이 아니라 10년 동안 감옥에 있어야 한다.

서로를 믿고 버티는 것이 최선이지만 경비업체 직원이 다른

선택을 할 것 같은 두려움에 김현수는 갈등하기 시작했다.

만약 경비업체 직원보다 먼저 자백한다면 자신은 풀려날 수도 있다.

이제 풀려날지 2년의 형량을 선택할지 아니면 둘 다 자백하고 5년형을 받게 될지 고민해야 했다.

어떻게 생각해도 저쪽에서 자백하기 전에 자신이 자백하는 것이 그나마 나은 선택지 같아 보였다. 둘 다 자백해도 5년으로 끝나기 때문이다. 버텨서 저쪽이 자백해 10년형을 받는 것보다도 더 현명해 보였다. 분명 경비업체 직원도 자신과 같은 갈등을 하고 있을 것이다.

"저쪽에서 자백을 할지 알게 뭐람!"

그런데 김현수의 생각이 옳았다. 경비업체 직원도 김현수가 자백함으로써 버틴 자신이 10년형을 살게 될 최악의 상태를 걱정했던 것이다.

결국 두 사람은 각각

모든 범행을 자백하고 5년형을 받게 되었다.

그렇다면 이 둘은 최선의 결과를 선택한 것일까?

여러분이라면 어떻게 할 것인지 생각해보자.

영리한 도박은 가능할까?-죄수의 딜레마

"이기기 위한 최선의 방책이 있을까?"

이는 수학자를 비롯해 경제학자, 사회학자 등 수많은 학자들이 오래전부터 연구하던 주제였다.

그리고 발견한 이론이 두 명 이상의 참가자 사이에 전략 게임처럼 상호작용을 수학적으로 연구하는 게임이론이었다.

게임을 하거나 스포츠 경기에 참여하거나 관전하는 것에 상관없이 게임에도 전략이 있는 것은 여러분도 잘 알 것이다.

폰 노이만John von Neumann, 1903~1957은 1928년 발표한 논문 〈응접실 게임이론Theory of Parlor Games〉에서 처음으로 게임이론을

소개했다. 폰 노이만은 수학뿐만 아니라 물리학, 역사학, 심리학 등 다양한 분야에 관심을 갖고 수많은 연구를 했으며 뛰어난 암기력으로 많은 업적을 남긴 수학자이자 물리학자이다. 그중에서도 현대 컴퓨터의 모델을 제시한 것으로 유명했다. 그리고 원자폭탄 프로젝트에도 참여했다.

폰 노이만이 아니었으면 우리가 살고 있는 디지털 시대는 지금과 같은 발전을 이루지 못했을 것이라는 의견도 있을 정도로 그는 디지털 문명의 발전에 상당한 업적을 남긴 학자이다.

이제 그가 남긴 게임이론을 좀 더 살펴보자.

우리는 체스와 카드 게임을 운에 좌우되는 것이 아니라 치밀한 계산과 두뇌회전을 통한 전략게임으로 생각한다. 그래서 이를 이용해 수학적 논리로 개발된 게임이론은 이기기 위한 최선의 방책을 찾아내는 시초가 된다. 또한 수학 분야에만 머무르지 않고 경제전략 및 전략전술에도 게임이론이 이용되어 많은 결과를 내게 된다.

물론 폰 노이만 이전에도 이를 학문으로 정립해보려는 노력은 있어왔다. 그중 보렐[Émile Borel, 1871~1956]은 1920년대에 폰 노이만과 비슷한 아이디어를 냈지만 이론으로 세우지는 못했다.

게임이론 중 널리 알려진 것으로는 어떤 계획이 실패하면 어떻게 될 것인가를 고려해서 그 손실이 최소가 되도록 계획하는 전략인 미니맥스[MiniMax] 전략도 있다. 이는 최악의 손실이 발생하는 것을 피하는 데 목적을 둔 전략이다.

대표적인 예로는 경제학자 메릴 플로드[Merrill M. Flood, 1908~1991]와 멜빈 드레셔[Melvin Dresher, 1911~1992]가 발견한 '죄수의 딜레마'가 있다.

죄수의 딜레마는 게임이론의 협력과 갈등을 연구하면서 상대방과 협력하여 가장 좋은 결론에 도달하는 것을 목표로 하지만 상대방에 대한 불신으로 결국 불리한 결과를 맞게 될 수 있음을 알려준다.

두 명의 공범자 A와 B가 각각 취조실에서 심문을 받게 된다. 수사관은 범죄에 대한 물증이 부족하기 때문에 처벌하기 위해서는 A, B의 자백이 필요한 상황이다.

A와 B는 상호간의 의리를 지키기 위해서 침묵할 수 있다. 또는 둘 중 한명이 자백하여 상대 공범을 배신할 수도 있다.

현재 수사관이 범인으로 잡아넣기에는 부족한 증거를 가지고 있는 상태에서 A와 B가 침묵하면 가장 낮은 형량인 2년형을 줄 수밖에 없다.

그러나 A와 B 중 한 명이 배신하여 자신은 자백하고 상대방이 침묵한다면 상대방에게만 10년형을 처하고 자신은 석방된다. 반대로 자신은 의리를 지켜 침묵했는데 상대방이 배신하여 스스로 10년형을 받고 상대방은 석방될 수도 있다.

또는 상대방과 자신이 서로 자백하면 5년형에 처하게 된다.

최선의 결과를 원한다고 가정했지만 상대방이 배신하여 자백하고 나는 의리를 지켜 위험이 커질 수도 있다. 이런 위험을 회피하기 위해서 자백했는데 상대방도 자백하는 맞대응 전략을 하게 된다면 이것이야말로 가장 최적의 선택이 될 수 있을까?

서로 배신하는 이런 결과 역시 의리를 지키고 상대방은 배신하는 것보다는 나은 그래도 최악의 손실은 피할 수 있는 결과를 내놓는다.

게임이론으로 가장 잘 알려진 수학자는 존 내시John Nash, 1928~2015로, 프린스턴 대학에 1949년 제출한 27쪽짜리 박사논문 〈비협력적 게임들Non-Cooperative Games〉을 발표한 지 45년이 지나서 노벨경제학상을 수상했다.

게임이론에서 내시평형은 선수가 최소한 둘 이상 참여하는 게임에서 나타나는 상태로 상대방의 대응에 따라 최선의 전략을 선택해 상호간 자신이 선택한 전략을 바꾸지 않는 일종의 평형 상태에 도달하게 된다는 것이다.

모든 참여자가 자신의 보상을 최대화하려고 할 것이며 이기적 게임의 룰에서 적어도 한 명의 참여자는 전략을 수정해 더 나은 보상을 얻으려는 가능성을 위해서는 평형만이 오직 가능한 안정적 결과라는 것이다.

게임이론과 죄수의 딜레마를 적용한다면 미국과 소련이 냉

전시대 때 가장 좋은 선택을 했어야 한다. 이에 따라 두 나라는 핵무기를 만들지 않았어야 했다. 죄수의 딜레마에서 두 죄수가 침묵을 하면 되는 것처럼.

하지만 결과는 반대였다. 두 나라 모두 핵무기를 만든 것이다.

결국 폰 노이만은 원자폭탄과 수소폭탄의 개발을 옹호한 결과를 불러왔으며 이는 두 죄수의 자백을 이끈 셈이 된다. 죄수의 딜레마는 두 국가뿐만 아니라 전 세계 최악의 결과를 불러온 것이다.

베이커리에서 일어난 일

민용이가 살고 있는 곳에는 매우 유명한 베이커리가 있다. 이곳은 빵이 맛있기로 소문나 있는데 그중에서도 무지개 케이크가 정말 유명했다. 그래서 이 베이커리의 이미지도 무지개를 떠올리는 것으로 할 정도였다.

그런데 어느 날 그 근처에 새로운 베이커리가 생기더니 그곳에서도 컬러 순서만 다를 뿐 똑같은 무지개 케이크를 팔기 시작했다.

그 베이커리의 파티시에는 놀랍게도 원조 베이커리의 파티시에가 스카우트되어 간 것이었다.

사람들은 상도덕에 어긋나지만 어디가 정말 원조인지에 대해 논쟁을 하기 시작했다.

원래 있던 베이커리를 A, 새로 생긴 베이커리를 B로 했을 때 A베이커리에서 무지개 케이크를 개발했고 유명해졌기 때문에 당연히 A베이커리가 원조라는 사람들과 사실 그 무지개 케이크를 개발한 사람은 파티시에이며 그 파티시에가 B베이커리에서 일을 하기 때문에 엄밀히 말하면 B베이커리가 원조

라는 사람들로 나뉜 것이다.

이 문제로 A베이커리는 B베이커리와 파티시에를 상도덕도 없는 비열한 작자라고 맹비난했다.

그러던 어느 날 사건이 일어났다. 민용이가 학교에 가는 도중 B베이커리의 창문이 깨져 있는 것을 보게 된 것이다.

"얘들아! B베이커리 창문 깨진 거 봤어?"

"응, 경찰들 몰려 있고 난리던데? 범인 누굴까?"

"뻔하지 뭐. 분명 화가 난 A베이커리 사람일 거야. 순순히 사과하고 문을 닫지 않으면 가만 안 놔두겠다고 했거든."

"그렇다고 저렇게 티가 나게 보복한다고? 머리가 텅텅 빈 바보 아닌 이상은 뻔하게 범인으로 몰릴 거 알면서 말도 안 되는 저런 짓을 한다고?"

"어? 너희들 소식 모르는구나? 창문을 깬 것이 제과용 도구인데 거기에 A베이커리 로고가 붙어 있었대."

"어? 정말? A베이커리가 또 싸우다가 홧김에 던졌나? CCTV 없대?"

"이상하게 그날따라 B베이커리 CCTV가 먹통이 되어서 아무것도 녹화된 것이 없다더라."

반 친구들의 말을 들으며 민용이는 이상함을 느꼈다. 너무 재밌는 사건인 거 같아서 아는 경찰 아저씨에게 찾아가볼 생각이었다.

민용이는 수업이 끝난 후 서둘러 경찰서를 찾아갔다.

마침 아는 경찰관이 그 사건에 대해 취조를 하고 있었다. 그런데 경찰관은 A베이커리가 아니라 B베이커리 관계자를 취조하고 있었다.

무언가 알 거 같은 생각에 민용이는 슬쩍 B베이커리 관계자 옆 빈 의자에 앉았다.

경찰들에게 수학으로 도움을 준 적이 몇 번 있어 민용이를 아는 경찰들은 그 모습을 흥미로운 얼굴로 바라볼 뿐 제지하지는 않았다. 취조 중이던 경찰도 슬쩍 시선만 돌려 민용이에게 눈인사를 했다.

경찰관의 이야기를 듣고 증거들을 슬쩍 쳐다본 민용이는 A베이커리의 로고임에도 왜 B베이커리 관계자를 부른 것인지 납득했다.

다음 로고를 보고 왜 그런 것이지 여러분도 설명해보자.

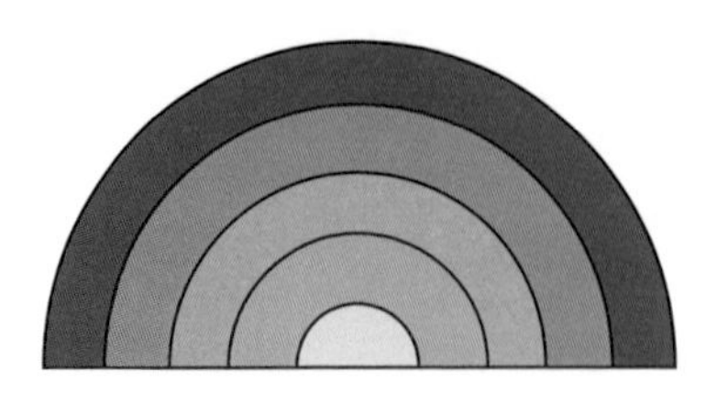

사건 현장에 있던 A베이커리 로고

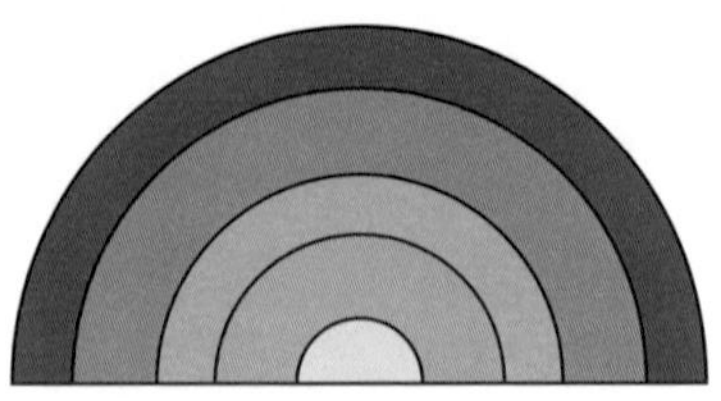

A베이커리 로고

추리 수학 내용

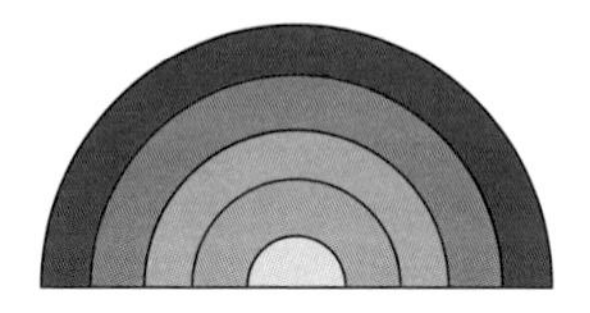

B베이커리 책임자는 자기 가게에 돌을 던지는 짓을 왜 하냐며 아니라고 부인했다.

언뜻 보기에 두 로고는 똑같이 보였다. 그런데 자세히 비교해보니 반원의 간격이 조금 달랐다. 사용된 컬러의 순서가 똑같지만 반원의 간격에 차이가 있었던 것이다.

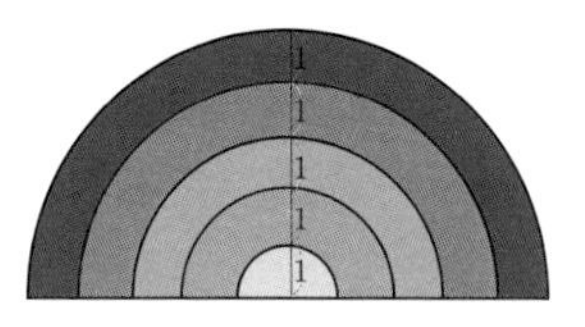

위조된 로고

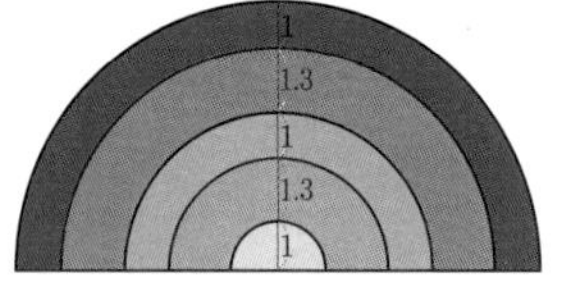

A베이커리 로고

위조된 로고는 반원의 간격이 1:1:1:1:1로 모두 동일하지만 원래 A베이커리의 로고는

1:1.3:1:1.3:1의 비를 반복하기 때문이다. 따라서 간격이 다르므로 이 두 로고는 똑같은 것이 아니었다.

결국 B베이커리가 A베이커리에 누명을 씌운 것임이 밝혀졌다.

비례

비례는 물건의 크기 또는 길이에 대한 관계이다. 같은 물체는 크기와 길이가 같다. 두 물체가 있으면 두 물체의 비례는 1:1 관계가 성립한다. 그러나 한 물체가 다른 한 물체보다 크기 또는 길이가 2배 크거나 길면 1:2 또는 2:1이다.

그리고 3개 이상의 비례관계를 나타낸 것을 연비라 한다. 즉 연비는 1:2:3 또는 3:4:6:7처럼 3개 이상의 비를 간단하게 나타낸 것이다. 러시아의 인형 마트료시카를 떠올린다면 비례관계를 더 확실하게 이해할 수 있을 것이다.

왼쪽의 이미지는 마트료시카 인형의 예이다.

마트료시카 인형은 왼쪽의 이미지보다 더 많은 종류로 이루어진 것도 있지만 모두 일정한 비율대로 만들어진다. 위의 이미지 속 마트료시카 중 가장 큰 인형은 두 번째 큰 인형보다 1.25배 크다. 다시 말하면 두 번째 작은 인형은 가장 큰 인형의 80%의 키를 갖는 셈이다. 세 번째 인형도 두 번째 인형의 키의 80% 크기가 되어야 한다. 따라서 가장 큰 인형의 비를 1로 정하고 다섯 인형의 연비를 각각 나타내면 1:0.8:0.64:0.512:0.4096이 된다. 이것을 자연수로 간단히 나타내면 625:500:400:320:256이다.

비례식은 비율이 같은 두 개의 비를 등식으로 나타낸 식이다. 1:2는 비를 나타내며 1:2와 비율이 같은 비 2:4를 등식으로 나타내면 1:2=2:4가 되는데 이것이 비례식이다.

비례식 $a:b=c:d$에서 a와 d를 외항으로 부른다. b와 c는 내항으로 부른다.

비례식에서 $a:b=c:d$를 $\frac{a}{b}=\frac{c}{d}$로 나타낼 수 있다.

$1:2=3:6$을 $\frac{1}{2}=\frac{6}{3}$으로 나타내면 이해가 쉽다.

비례식은 4개의 성질을 갖는데 다음과 같다.

1 $a:b=c:d$에서 $ad=bc$이다.

2 $\frac{a}{b}=\frac{c}{d}$이면 $\frac{a}{b}=\frac{c}{d}=\frac{a+c}{b+d}$가 성립한다.

3 $\frac{a}{b}=\frac{c}{d}$이면 $\frac{a}{c}=\frac{b}{d}$가 성립한다.

4 $\frac{a}{b}=\frac{c}{d}$이면 $\frac{a+b}{b}=\frac{c+d}{d}$가 성립한다.

1에서 a와 c는 앞에 있는 항으로 전항으로 부른다. b와 d는 후항이다. 또한 a와 d는 바깥에 있어서 외항으로, b와 c는 내항으로 부른다. $ad=bc$인 것은 외항끼리의 곱과 내항끼리의 곱은 서로 같다는 것을 의미한다.

2는 '가비의 이'를 나타낸 것이다. 예를 들어 $\frac{1}{2}$이 $\frac{2}{4}$인 것은 여러분도 이미 알고 있다. $\frac{1}{2}=\frac{2}{4}$로 비의 값이 같은 등식으로 나타낼 수 있는데, 여기서 비의 값인 분수의 분모와 분자를 각각 더한 값이 된다는 것이다. $\frac{1}{2}=\frac{2}{4}=\frac{1+2}{2+4}$가 되는 것이다.

조금 더 응용해서 $\frac{1}{6}=\frac{2}{12}=\frac{4}{24}$를 적용하면

$\frac{1}{6}=\frac{2}{12}=\frac{4}{24}=\frac{1+2+4}{6+12+24}$ 인 것도 알 수 있다.

3 은 '좌변과 우변의 분모와 분자를 서로 곱한 것은 같은 값을 갖는다'로 정의할 수 있다.

4 는 a, b, c, d에 각각 숫자를 대입해 확인할 수 있다. $\frac{1}{10}=\frac{2}{20}$ 인 것을 이용하면 $\frac{1+10}{10}=\frac{2+20}{20}$ 이다. 물론 $\frac{a+b}{b}=\frac{c+d}{d}$ 을 정리하면 $\frac{a}{b}=\frac{c}{d}$ 와 같은 것을 증명할 수 있다.

$$\frac{a+b}{b}=\frac{c+d}{d}$$

좌변의 분자와 우변의 분모,
좌변의 분모와 우변의 분자를 서로 곱해 정리하면

$$(a+b)d=b(c+d)$$

양변의 식을 전개하면

$$ad+bd=bc+bd$$

양변에 각각 bd를 빼면

$$ad=bc$$

$ad=bc$는 $\frac{a}{b}=\frac{c}{d}$ 와 같으므로 증명된다.

비례에 관한 가장 흥미로운 기록은 기원전 600년경에 살았던 수학자 탈레스Thales, 기원전 624~545가 피라미드의 높이를 구한 것이다.

고대 그리스의 철학자이자 천문학자 그리고 수학자였던 탈레스는 밀레토스 학파의 창시자이기도 하다. 기원전 7세기에서 6세기에 걸쳐 번성했던 밀레토스 학파는 과학자들이자 최초의 철학자들이었으며 대표적인 학자로는 탈레스와 아낙시만드로스Anaximandros, 기원전 610~546 그리고 아낙시메네스Anaximenes, 기원전 585~525가 있다.

밀레토스 학파의 창시자로 불리는 탈레스는 '만물의 근원은 물이다'라고 주장했으며 땅은 물위에 떠 있고 만물 모든 것에 신이 가득하다고 믿었다. 또한 논증기하학과 일식을 비롯한 천체 현상에 대해 많은 업적을 남긴 것으로 유명하다.

탈레스의 대표적인 업적으로 자주 이야기되는 에피소드가 있다.

탈레스는 거대한 피라미드의 높이를 막대 하나로 구했는데 이를 위해 필요했던 것은 피라미드의 그림자 길이와 막대, 막대의 그림자 길이라는 단 세 가지였을 뿐이다.

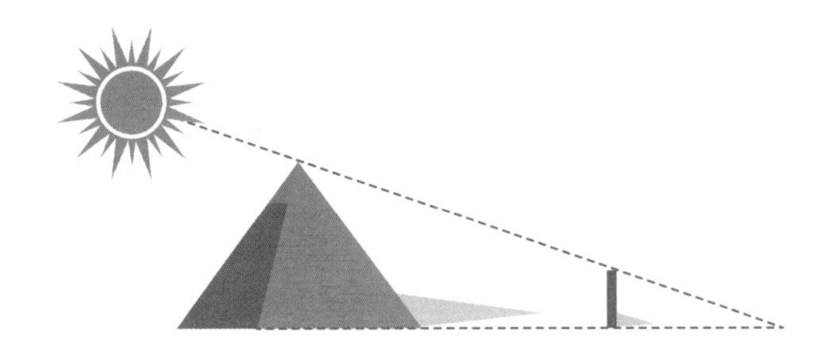

탈레스가 피라미드의 높이를 구한 방법은 다음과 같다.

피라미드의 높이를 a로 하고, 피라미드의 그림자의 길이를 b, 같은 방향의 막대의 길이를 c, 막대의 그림자의 길이를 d로 하면 $a:b=c:d$가 되어 $ad=bc$에서 $a=\frac{bc}{d}$로 구할 수 있다.

이를 다시 나타내면 피라미드의 높이

$$=\frac{\text{피라미드의 그림자의 길이}\times\text{막대의 길이}}{\text{막대의 그림자의 길이}}\text{이다.}$$

이제 피라미드의 높이를 xm로 하고, 피라미드 그림자의 길이를 100m로, 막대의 길이를 2m, 막대의 그림자 길이를 1m로 하면 $x:100=2:1$이 된다.

이 식에서 외항끼리의 곱 $x\times1$과 내항끼리의 곱 100×2로 등식으로 놓으면 $x\times1=200$에서 $x=200$(m)이 된다.

고대 그리스에서 비례식을 이용해 피라미드의 높이를 구했다는 것이 그저 놀라울 뿐이다.

이집트의 아마시스 왕은 탈레스가 비례식을 이용해 피라미드의 높이를 구했다는 소식을 듣고 매우 놀랐다고 한다. 또 다른 설로는 피라미드의 높이를 재기 위해 탈레스는 막대기 대신 탈레스 본인의 키를 이용해 계산했다는 설도 있다.

비례식으로 도형의 합동과 닮음을 증명하는 것은 중학교 수학에도 많이 소개되고 있다. 또한 비례식은 기하학에 관한 문제를 해결하는데 광범위하게 사용되며 함수를 이해하기 위해서도 꼭 기억해야 할 중요한 부분이다.

이와 함께 손꼽히는 탈레스의 중요 업적으로는 탈레스의 정리가 있다. 탈레스의 정리는 다음 5가지가 전해진다.

1 원은 임의로 그은 지름으로 2등분된다.

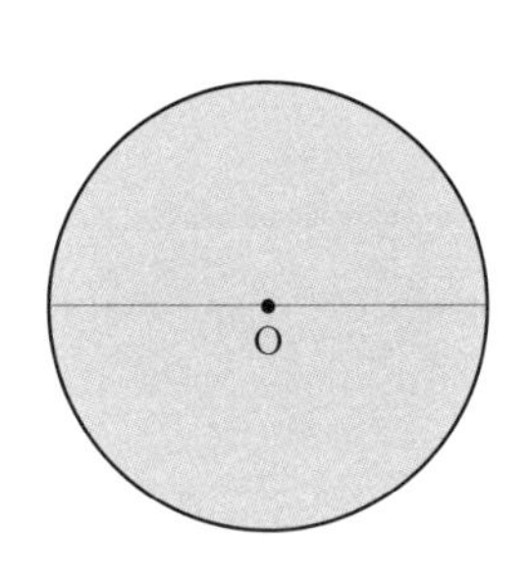

2 이등변 삼각형의 두 밑각의 크기는 같다.

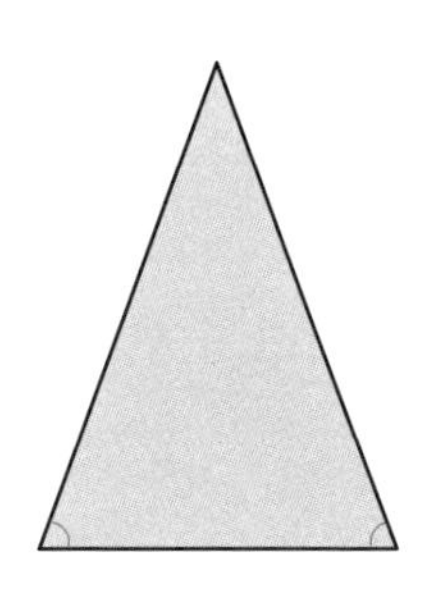

3 두 직선이 서로 만나서 생긴 맞꼭지각은 같다.

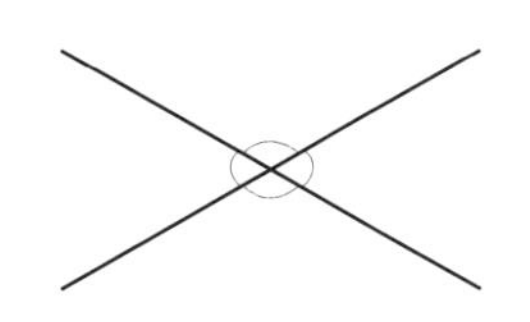

4 한 변의 길이(S)와 양 끝각의 크기(A)가 같은 두 개의 삼각형은 서로 합동이다.(ASA 합동조건)

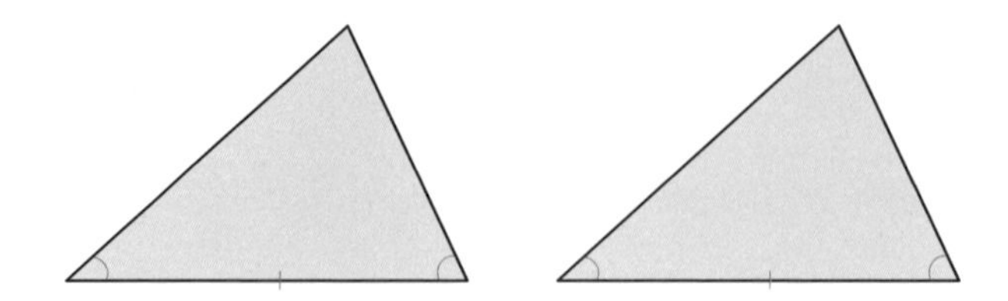

5 반원에 내접한 각은 직각이다.

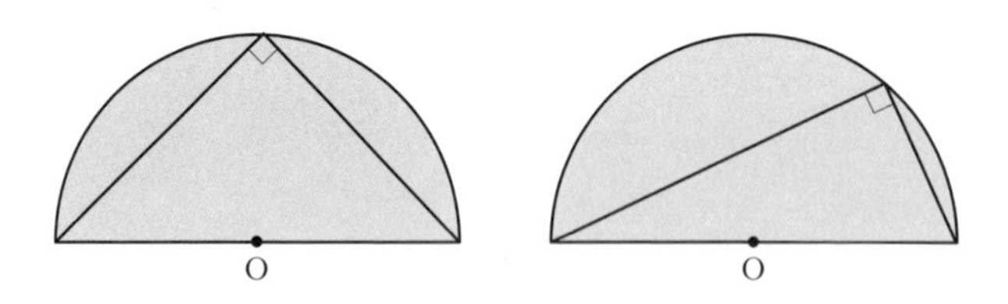

탈레스의 5가지 정리는 비례식과 함께 상호적으로 활용되며 증명을 위한 도구로도 자주 이용된다.

수학은 현재 과학뿐만 아니라 범죄 사건을 해결하는 열쇠로도 활용되고 있다. 또한 우리 생활을 편리하게 만드는 도구 중 하나이기도 하다.

여러분은 이미 알고 있는 수학을 이용해 문제를 해결해본 경험이 한 가지씩은 있을 것이다. 따라서 생활 속에서 여러분이 어떤 문제에 직면했을 때 어쩌면 수학적 지식은 매우 편리하고 요긴하게 사용될 수도 있다. 여러분이 수학을 이용해 무언가를 해결한 경험으로는 어떤 것이 있을까?

푸아송 분포

푸아송 분포는 특정한 사건이 발생하는 드문 확률을 나타내는 분포이다.

프랑스의 수학자이자 물리학자인 푸아송Siméon Denis Poisson, 1781~1840은 기마대의 군의관으로 복무 중 말에서 떨어져 다치는 것에 관한 확률을 연구하던 중 푸아송 분포를 발견했다. 즉 낙마사고에서 푸아송 분포의 아이디어를 떠올린 것이다.

그는 한 부대에서 매년 0.7명의 낙마사고로 죽는 병사수가 발생한다는 일어나기 희박한 사건을 연구하여 매년 1명의 낙마 사고는 약 35%, 매년 2명의 낙마사고는 약 12%로 발생이 가능하다는 것을 알게 되었다. 낙마사고의 연간 발생 횟수를 알면 그 이상의 희박한 사건의 발생도 확률적으로 계산할 수 있다는 것이 그의 주장이었다.

그런데 푸아송 분포를 너무 어렵게 생각할 필요는 없다. 일상에서 잘 발생하지 않지만 우연적인 사건은 의외로 많다. 버스를 타기 위해 버스 정류장에 도착하자 마자 바로 타는 경우와 1년 동안 특정한 진도 이상의 지진 발생 건수 등이 그 예이다.

푸아송 분포의 공식은 다음과 같다.

$$P(x) = \frac{\lambda^x e^{-\lambda}}{x!}$$

x는 사건의 횟수이며 λ는 특정 기간 동안 발생하는 평균 사건의 횟수이다. e는 자연 상수이다.

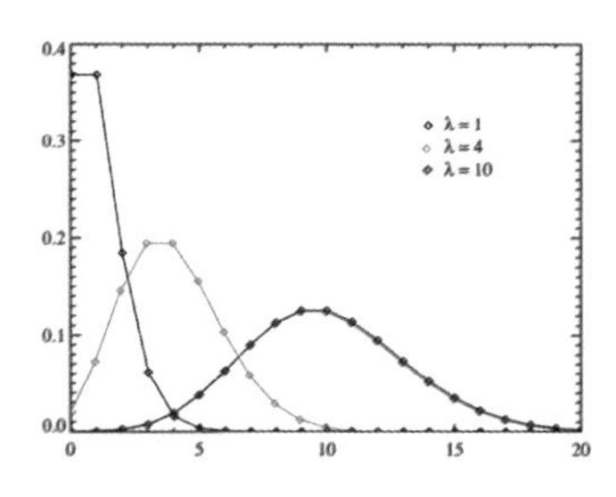

푸아송 분포의 예

우리나라 연간 교통사고 사망자수는 약 3,000명이다. 한달로는 약 250명이 되며 일일 교통사고 사망자는 8명 정도로 계산된다.

그러면 일일 교통사고 사망자가 15명 정도일 확률을

계산할 수 있을까?

$P(15) = \dfrac{8^{15} \times e^{-8}}{15!} \fallingdotseq 0.00902598$로 1%도 안되므로 발생할 가능성은 희박하다.

조작된 승부

민용이는 진환이와 성훈이가 전국체전의 첫 시작인 이번 지역 예선을 승리로 이끌기 위해 매일 연습하고 또 연습하는 것을 알고 있었다. 그는 정말 최선을 다하는 친구들이 자랑스러웠고 꼭 지역 예선에서 승리하고 전국대회에 나갈 수 있기를 응원했다.

진환이와 성훈이는 배구부 에이스였기 때문에 이들이 가지는 책임감은 매우 컸다. 그리고 또 다른 에이스인 진운이까지 이 세 명에게 배구부의 운명이 달렸다는 소리가 나올 정도로 이들은 실력으로 유명했다.

진환이는 매우 강력한 스파이크가 무기이다. 또한 중학교 배구 선수들 중에서는 가장 큰 것도 큰 무기가 되었다. 그 키로 코트 전체를 파악하는 능력을 발휘하면서 오버 핸드 패스와 언더 핸드 패스까지 사용하면 진환이를 막을 선수는 거의 없다고 봐야 했다. 그래서 배구 선수로서의 진환의 미래는 매우 밝았다.

이런 진환이와 함께 팀을 이룬 성훈이 역시 서브 종류 상관없이 컴퓨터처럼 정확하게 한다고 해서 AI 서브자란 별명이 붙을 정도로 탁월한 실력을 자랑했다. 배구에 대한 열정만큼 열심히 노력해온 성훈이 누구보다 큰 손을 가지고 정확한 서브를 해내면서 성훈이 참가한 경기는 우승 확률이 높아졌다.

크고 강한 손을 이용해 힘으로 내리꽂는 듯한 성훈의 서브는 어중간한 사람이라면 받아내기 힘들 정도였기 때문이다.

팀의 또 다른 에이스 진운이도 냉정한 판단력과 빠른 결정을 토대로 멤버들을 리드하며 경기를 이끄는 리더십이 탁월한 능력자였다. 그런 그의 주 무기는 3단 공격이었다.

민용이가 다니는 학교 배구 선수는 모두 12명이었다. 배구는 6명을 팀으로 하기 때문에 배구 감독은 이 12명의 특징과 장점을 살려 지역 예선을 치루며 가장 잘하는 멤버를 뽑기로 했다. 하지만 그렇게 되면 대웅중학교 에이스인 저 3명을 중심으로 자리가 3명밖에 나지 않는다.

어차피 지역예선은 대웅중학교가 강력한 우승후보였고 저 3명 중 2명만 들어가도 승리 가능성은 매우 높기 때문에 선생님은 학생들에게 골고루 기회를 주기로 했다. 아직 가능성이

높은 중학생이기 때문에 경기에 참여할 기회를 공평하게 주어 장단점을 점검하기로 한 것이다.

그래서 지역 예선을 치르기 전에 대웅중학교 배구부 12명을 2조로 나누어 총 30번의 경기를 먼저 해보기로 했다. 어떤 선수들이 모였을 때 최고의 시너지가 생기는지 다양하게 선수 운영 방식도 짜볼 생각이었다.

하지만 이 경우 문제가 하나 있었다. 배구부 에이스 3명을 한 팀으로 했을 때 가장 강력한 팀이 나오는데 2, 3학년은 작년에 이미 같이 경기를 치러봤기에 선수들의 장단점을 알지만 새로 입학한 1학년은 실전에서 어떤 능력을 보여 줄지 아직 모르기 때문이다.

또 배구부 에이스 3명과 한 팀이 되기 위해 서로 경쟁하게 될 텐데 선배들이 그 자리를 차지할 가능성도 너무 높았다.

고민하던 선생님은 누구에게나 공평한 방법으로 선수를 뽑기로 했다. 바로 그날의 운에 맡기는 복불복 게임이었다.

제비뽑기, 사다리타기 등 다양한 복불복 게임을 해서 뽑겠다는 방식은 선수들뿐만 아니라 학교 전체를 들썩이게 했다. 어떤 방식으로 그날의 팀이 결정될지 기대감으로 모두 즐거워했다. 또 이렇게 하면 모두 그날 뽑은 복불복으로 팀이 정해

지기 때문에 누구도 불공정하다고 상처받을 일은 없을 거 같았다.

이 방식으로 총 30번의 경기를 통해 가장 많이 한 팀이 되어 가장 많이 우승하는 팀이 이기는 학교 배 예선전을 치루기로 했다.

이 방식이라면 에이스 중 한 명이 떨어질 수도 있어서 대웅중학교 학생들은 30번의 선발전을 흥미진진하게 관전했다. 그런데 기적처럼 12회나 에이스 3명이 한 팀이 되어 경기를 이끌었고 그 경기들은 매우 손쉽게 그들이 속한 팀이 우승했다. 학교 입장에서는 더 이상 망설일 필요도 없이 그들을 중심으로 팀을 짜야 한다는 너무 분명한 결과가 나온 것이다.

민용이 역시 이 일련의 경기들을 정말 재미있게 지켜보며 친구들을 응원했다. 그리고 결과가 나오자 다행이라고 생각하면서도 한편으로는 알 수 없는 찜찜한 기분을 느껴야 했다.

정말 운이 좋아서 12번이나 에이스인 진환이와 성훈이 그리고 진운이가 한 팀이 된 것일까? 이렇게 될 확률은 얼마나 될까?

민용이는 학생들에게 기회를 주고 싶었지만 학교 승리도 놓칠 수 없었던 배구부 감독이 무언가 편법을 사용해 최대한 이

세 사람이 뽑히도록 한 것은 아닌지 의심이 되었다.

그래서 어떤 방법을 썼는지 확인해보기로 했다.

정말 감독은 복불복 게임으로 확률조작을 해서 이 세 명이 뽑히도록 한 것일까?

그렇다면 어떤 방법을 쓴 것일까? 여러분도 감독이 어떤 방법을 썼을지 생각해보자.

12명 중에서 6명을 선택하는 조합을 ${}_{12}C_6$이므로 계산하면 924가지이다. 진환이와 성훈, 진운이가 같이 포함한 조이든 아니던 간에 924가지의 조합이 나온다.

이제 6명씩 두 조로 나눈 뒤 각각 M조와 N조로 해보자. M조에 진환이와 성훈, 진운이가 반드시 포함한다면 M조에는 6명이 들어가야 하므로 3명의 선수를 채워야 한다. 9명 중에서 3명을 채워야 하므로 ${}_9C_3$을 계산하면 84가지가 된다.

N조의 경우도 84가지가 된다.

따라서 M조일 때와 N조일 때를 합하면 $84+84=168$가지이다.

12명의 선수를 둘로 나누어 진환, 성훈, 진운이를 반드시 포함하여 조를 이루는 확률은 $\frac{168}{924}$이며 약분하면 $\frac{2}{11}$이다. 즉 약 18%가 된다. 그리고 $\frac{9}{11}$는 진환, 성훈, 진운이가 한 조가 되지 않는 확률로 약 82%가 된다.

일반적으로 30번의 경기에서 같은 조에 편성될 확률은 다음과 같다.

$$P(X=x) = {}_{30}\mathrm{C}_x \left(\frac{2}{11}\right)^x \left(\frac{9}{11}\right)^{(30-x)}$$

30번의 경기를 했을 때 같은 조에 편성될 확률을 0번부터 30번까지 오른쪽 도표와 160쪽의 그래프로 나타냈다.

x	$P(X=x)$
0	0.002429375953513
1	0.016195839690090
2	0.052186594556956
3	0.108238862784798
4	0.162358294177198
5	0.187614028826984
6	0.173716693358318
7	0.132355575892052
8	0.084560506819922
9	0.045934102470081
10	0.021435914486038
11	0.008660975549914
12	0.003047380286081
13	0.000937655472640
14	0.000253018143411
15	0.000059974671031
16	0.000012494723131
17	0.000002286615998
18	0.000000366987753
19	0.000000051507053
20	0.000000006295306
21	0.000000000666170
22	0.000000000060561
23	0.000000000004681
24	0.000000000000303
25	0.000000000000016
26	0.000000000000001
27	0.000000000000000022765799
28	0.000000000000000000542043
29	0.000000000000000000008307
30	0.000000000000000000000062

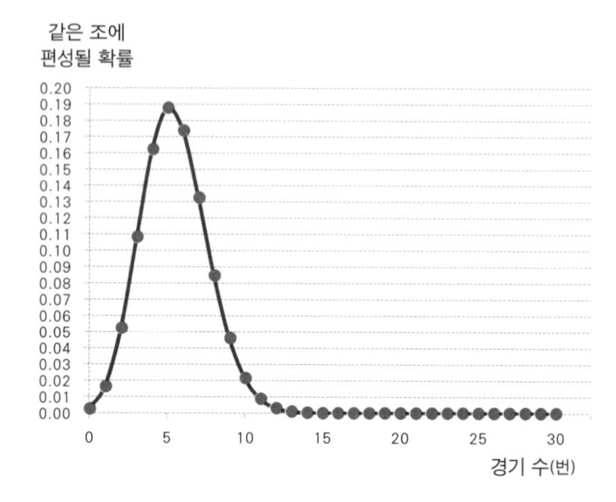

30번의 경기에서 진환, 성훈, 진운이가 함께 출전할 확률이 가장 높은 경기 수는 5번이다. 0번부터 5번까지 계속 증가하다가 6번째부터는 확률이 점점 낮아진다.

그리고 12번이나 함께 출전할 확률은 약 0.3%로 매우 낮다. 따라서 경기를 위한 조 편성에는 조작이 있다고 판단할 수 있다.

민용이는 이와 같은 확률 계산으로 배구부 감독이 혹시 모를 위험을 사전에 차단하기 위해 조 편성을 조작한 것으로 판단했다.

확률을 조작한다?- 이항분포

시행을 할 때 성공 또는 실패처럼 둘 중 한 가지로 나오는 시행을 베르누이 시행 또는 독립시행이라고 한다. 결과가 2개인 시행을 독립적이고도 반복적으로 하는 시행을 베르누이 시행이라 하는 것이다.

수학자 야코프 베르누이Jacob Bernoulli, 1654~1705가 발견한 베르누이 시행을 쉽게 이해하고 싶다면 동전을 떠올려보자.

동전 던지기를 했을 때 앞면이 나올 확률은 $\frac{1}{2}$, 뒷면이 나올 확률도 $\frac{1}{2}$로 항상 일정하다. 여러 번 던져도 동전은 앞면이나 뒷면이 나올 확률이 $\frac{1}{2}$의 확률만이 발생할 뿐이다.

그렇다면 주사위를 던졌을 때는 어떨까? 주사위에는 1부터 6까지의 숫자가 있다. 여기에서 6의 눈이 나올 확률과 6의 눈이 아닌 것이 나온 확률을 생각해야 한다.

6의 눈은 $\frac{1}{6}$, 6의 눈이 아닌 것은 $\frac{5}{6}$인 것을 알 수 있다. 성공확률이 $\frac{1}{6}$, 실패확률이 $\frac{5}{6}$가 되는 것이다. 이 경우 성공확률은 p, 실패확률은 q로 나타낸다. 그리고 여기서 q는 $1-p$가 되는데, p는 $\frac{1}{6}$이므로 q는 $1-p=1-\frac{1}{6}=\frac{5}{6}$가 된다. 즉 $p+q=1$이다.

시행할 때 한 사건의 성공확률이 p이고 실패확률이 $q(1-p)$이면 n번의 독립시행에서 x회 성공확률을 나타내는 확률분포를 이항분포라고 한다. 이것을 기호로는 $B(n, p)$로 나타낸다.

X의 확률질량함수는 $P(X=x)={}_n\mathrm{C}_x p^x q^{n-x}$(단, $x=0, 1, 2, 3, \cdots\cdots, n$)로 나타낸다. 기댓값 $E(X)=np$, 분산 $V(X)=npq$, 표준편차 $\sigma(X)=\sqrt{npq}$ 이다.

확률변수 x가 이항분포 $B\left(20, \frac{1}{5}\right)$을 따른다면 $E(X)=20\times\frac{1}{5}=4$, $V(X)=20\times\frac{1}{5}\times\frac{4}{5}=\frac{16}{5}$, $\sigma(X)=\sqrt{\frac{16}{5}}=\frac{4\sqrt{5}}{5}$이다.

이번에는 주사위를 20번 던졌다고 가정하자. 3의 눈이 3회 나올 확률을 구하면 3의 눈이 나올 확률은 $\frac{1}{6}$이고 $P(3)={}_{20}C_3\times\left(\frac{1}{6}\right)^3\times\left(\frac{5}{6}\right)^{(20-3)}=0.237886\cdots\cdots$으로 약 24%이다. 따라서 주사위를 20회 던졌을 때 3의 눈이 3회 나올 확률은 약 24%이다.

주사위를 던지는 횟수를 늘려서 100번 던졌을 때 3의 눈이 20회 나올 확률을 구하면 $P(20)={}_{100}C_{20}\times\left(\frac{1}{6}\right)^{20}\times\left(\frac{5}{6}\right)^{(100-20)}=0.0678619\cdots\cdots$로 약 6.8%이다.

이항분포를 설명하기 위해 보통 주사위를 예로 많이 사용하지만 실생활에서도 이항분포의 예를 들 수 있다. 예를 들어 운전자의 안전벨트 착용률이 최근에는 높아져서 94%가 지킨다고 하자. 100명의 운전자 중 95명이 안전벨트를 착용할 확률을 구해보면 $P(95)={}_{100}C_{95}\times(0.94)^{95}\times(0.06)^{(100-95)}$

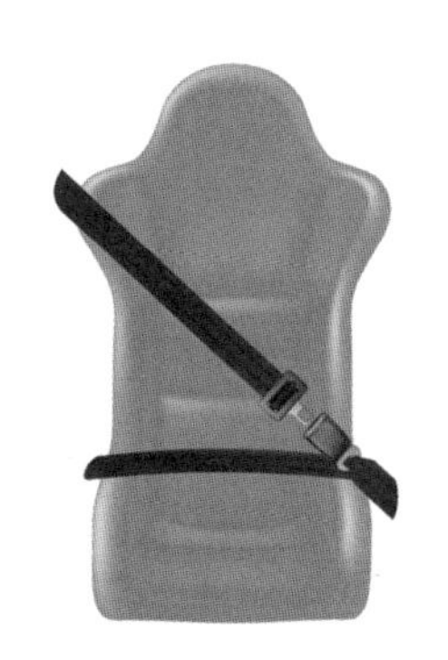

=0.1639175……로 약 16.4%이다.

이처럼 여러분이 생활 속에서 이항분포를 구해보고 싶다면 얼마든지 가능하다.

지역신문의 기사로 사건을 해결하다

민용이는 수학퍼즐부터 넌센스, 크로스 퍼즐까지 다양한 퍼즐을 좋아한다. 그중에서 제일 좋아하는 것은 미로 퍼즐이었다.

그날도 민용이는 쇼파 앞 탁자에 놓인 지역신문의 미로 퍼즐이 눈에 띄어 친구들을 만나러 나가려던 것을 잠시 미루고 쇼파 위에 앉았다.

민용이가 풀기 시작한 미로 퍼즐은 다음과 같다.

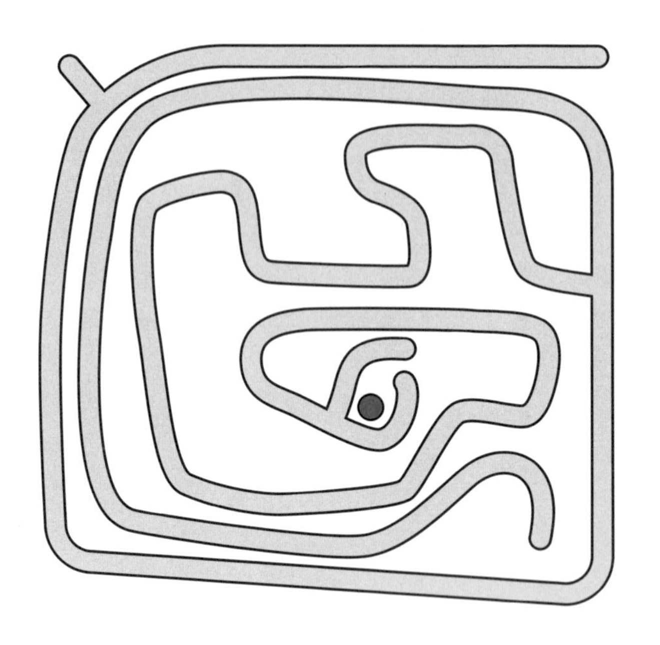

답: 190쪽

많은 미로 퍼즐을 풀어왔던 민용이는 언뜻 보기에 복잡하기만 한 이 미로의 답도 어렵지 않게 찾아낼 것을 자신했다. 민용이는 미로에 길이 있는지 즉 답이 있는지 아니면 막힌 미로인지 알아낼 수 있는 자신만의 방법을 알고 있었다.

"이 미로에도 규칙이 적용되는지 볼까?"

민용이는 미로를 빠져나갈 길을 찾아 자신만의 규칙을 적용해봤다.

"역시 이것도 규칙대로네! 미로 한가운데서 미로의 바깥까지 선을 그어서 곡선과 만나는 점의 개수를 세면 미로를 빠져나갈 길이 있는지 없는지 알 수 있지!"

민용이는 펜을 들고 적용해보기 시작했다.

"만나는 점의 개수가 홀수이면 길이 없는 잘못 만들어진 미로이고, 만나는 점의 개수가 짝수면 길은 있는 것이니까 이 미로는…… 짝수네. 그렇다면 길이 있다는 말이니까 제대로 길을 찾아볼까?"

그렇다. 수학을 좋아하는 민용이는 미로 퍼즐에 한붓그리기와 같은 규칙을 적용한 것이다. 실제로 민용이의 방법대로 했을 때 정말 풀 수 있는지 없는지 여러분도 직접 해보길 바란다.

민용이가 신나서 문제를 풀고 있을 때 초인종이 울렸다.

"누구세요?"

"나야. 진수."

"어? 나 이제 나가려고 했는데 왜 우리집으로 왔어?"

약속 장소에 있어야 할 진수가 와서 깜짝 놀란 민용이가 문을 열며 물어보았다.

“평소에는 칼 같이 시간 지키는 네가 시간을 안 지킬 때는 대부분 이유가 하나지. 그리고 그때는 차라리 내가 오는 것이 더 나은 것을 알고 있는 이유는 내가 학습하는 동물이기 때문이고. 혹시나 해서 왔더니 역시나 너 이럴 줄 알았다.”

쇼파 위 테이블에 펼쳐진 신문과 볼펜을 본 진수가 가볍게 한숨을 쉬며 안으로 들어왔다.

“약속은 칼인데 약속 시간에 늦었다면 네가 좋아하는 뭔가에 빠졌다는 소리니까.”

그제야 시간을 확인한 민용이는 약속시간에서 이미 30분이나 지나간 것을 보고 미안해졌다.

“진짜 미안해. 오늘 음료는 내가 쏠게.”

“그건 당연한 거고 거기에 떡볶이랑 김밥도 쏴.”

“이번 달 용돈이 간당거리는데 그건 좀…….”

“얌마 그 정도는 해야지. 그런데 퍼즐은 다 푼 거야?”

진수가 신문을 들어 살펴보며 말했다.

“응. 이 미로 퍼즐은 조르당 곡선으로 둘러싸인 것인지 먼저 확인하고 길을 찾던 중이야.”

“조르당 곡선? 그건 또 뭐야?”

“한붓그리기에서 발전한 수학이야. 이거 되게 재미있고 신기한 곡선이야. 시작점과 끝점이 같은 곡선을 볼펜을 떼지 않고 지나온 길을 다시 지나는 일 없이 한 번에 이어서 그린 닫힌 곡선이 조르당 곡선이거든.”

민용이의 이야기에 질문을 하던 진수가 뭔가 흥미로운 기사를 발견했는지 아예 쇼파에 앉아 기사를 읽기 시작했다.

“왜? 뭐 있어?”

“이 기사 좀 봐봐.”

진수가 손가락으로 가리킨 기사는 근처에 있는 강에서 2년 전부터 악취가 나서 그 지역 주민들이 고통 받고 있다는 내용이었다.

주민들은 이 악취를 해결해달라고 꾸준히 구청에 민원을 내고 있었지만 원인을 알 수 없으며 큰 문제도 없다는 답만이 돌아오고 있다는 내용이었다.

그 강 주변은 산책 코스로도 좋기 때문에 오래전부터 진수를 비롯해 그 지역 학생들이 자전거로 놀러가던 곳이기도 했다. 그런데 자전거도 종종 도난당해 피해를 본 사람들이 CCTV를 설치해 범죄가 일어나지 않도록 해달라고 민원을 넣은 적도 많았다.

하지만 구청은 그곳에 CCTV를 설치하지도 않고 악취도 원인불명이라고 특별한 조취를 취하지도 않아 점점 사람들이 가지 않는 곳이 되어가던 중이었다.

그곳에서 자전거를 2번이나 잃어버렸던 진수는 그래서 그 기사가 흥미로웠다.

물론 지역민들은 원인이 어디인지 의심하는 곳이 있었다.

바로 A기업이었다.

그래서 지역민들은 확실한 물증만 나오면 이 문제가 해결될 거라고 믿고 돌아가며 조를 짜서 강을 감시하고 있었다. 그리고 결국 근처에서 공장을 운영하는 A기업이 수질 검사 기록을 위조한 사실을 밝혀냈다.

그렇다면 A기업은 어떻게 구청의 감시를 피해 수질 검사 기록을 조작할 수 있었던 것일까?

그것은 발상의 전환만 하면 얼마든지 가능한 방법이었다.

A기업은 수질검사 기준량을 어떻게 잡는지에 따라 결과가 달라진다는 것을 이용해 결과를 조작한 것이었다.

생화학적 산소요구량Biochemical Oxygen Demand/BOD을 조사해 수질의 오염 정도를 가늠할 수 있는데, A기업이 강에 공장을 설립하기 전의 BOD는 1.8ppm이었으나 올해 초 강의 BOD는 7.2ppm으로 나타났다. 이 정도 수치면 악취가 날 수밖에 없었다.

이들은 오염수를 제대로 정화하지도 않고 버렸으면서 정부에서 환경지원금도 받고 있었다. 물론 이 환경지원금을 받기 위해 A기업은 서류도 조작한 상태였다.

그렇다면 사람들은 어떻게 증거를 잡아낸 것일까? 여기에는 강 근처에 살면서 악취에 시달려 분노하고 있던 수학자의 도움이 있었다. 그리고 수학자는 벤포드의 법칙을 이용해 수치가 조작되었음을 증명했다.

수학자가 벤포드의 법칙을 이용해 문제를 해결한 방법은 다음과 같다. 여러분도 도표를 보며 확인해보자.

	1월	2월	3월	4월
2017년	₩244,719,372	₩114,626,809	₩307,309,343	₩149,728,464
2018년	₩873,488,616	₩239,715,273	₩990,708,077	₩375,017,049
2019년	₩769,962,701	₩719,841,483	₩380,473,377	₩464,113,065
2020년	₩848,834,665	₩164,853,007	₩292,437,776	₩35,709,058
2021년	₩957,093,489	₩703,207,254	₩871,617,491	₩357,297,459
	5월	6월	7월	8월
2017년	₩383,071,074	₩789,499,297	₩392,761,376	₩919,595,236
2018년	₩914,686,060	₩562,513,900	₩299,658,507	₩433,145,991
2019년	₩946,484,144	₩300,637,015	₩268,679,939	₩317,865,773
2020년	₩517,092,841	₩412,661,909	₩989,473,669	₩272,353,876
2021년	₩317,761,502	₩863,444,713	₩182,657,130	₩600,308,053
	9월	10월	11월	12월
2017년	₩345,233,481	₩330,431,465	₩392,808,161	₩475,057,915
2018년	₩441,357,657	₩101,760,641	₩628,314,641	₩87,945,119
2019년	₩669,796,818	₩977,948,327	₩428,577,537	₩192,880,115
2020년	₩710,540,196	₩359,010,207	₩213,928,717	₩243,154,399
2021년	₩229,081,878	₩124,533,659	₩193,222,235	₩601,513,505

A기업은 지난 5년 동안 매달 회계연도에 따른 지원금을 부풀려 작성하는 방법으로 조작해 지원금을 타 냈는데 수학자는 벤포드의 법칙에 따라 회계금액의 맨 앞 자릿수가 1은 8개, 2는 9개, 3은 14개, 4는 6개, 5는 2개, 6은 4개, 7과 8은 5개, 9는 7개인 것이 맞지 않는다고 생각했다. 그리고 이를 통해 왜 회계장부가 조작되었는지 증명할 수 있었다.

조르당 곡선 정리

지역신문의 1면 하단에 올린 미로 퍼즐이 제대로 된 길이 있는지 없는지를 확인하기 위해 민용이는 조르당 곡선 정리를 이용했다. 조르당 곡선 정리Jordan curve theorem는 위상수학에서 평면에 있는 닫힌곡선이 평면을 두 개로 나눈다는 정리이다.

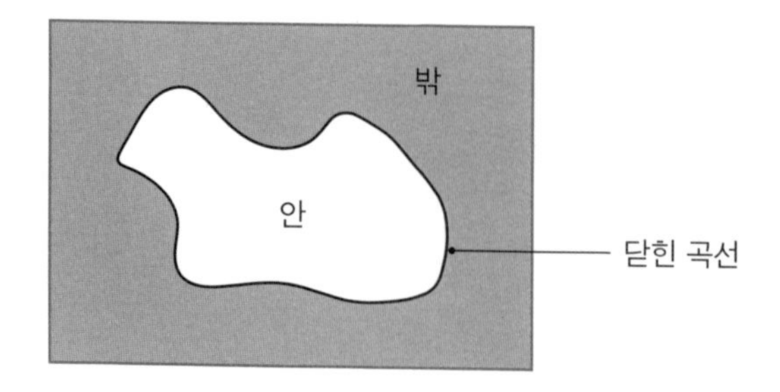

왼쪽 그림처럼 평면 위에 검은 곡선 1개가 닫혀 있으면 안과 밖의 2개로 나뉜다. 민용이는 이것을 미로 퍼즐에 적용한 것이다.

미로 속 다람쥐가 걷고 있는 하얀 길에서 가로로 선분을 그으면 곡선과 8번 만난다. 따라서 미로 밖으로 탈출할 수 있다.

따라서 만약 미로 속에 갇힌 다람쥐가 과연 미로를 벗어날 수 있을지를 판단하고 싶다면 여러분도 조르당 곡선 정리를 이용하면 된다. 다람쥐가 위치한 가운데 지점에서 가로로 선을 그어서 곡선과 만나는 점의 갯수가 짝수이면 다람쥐는 미로를 탈출할 수 있다.

그런데 다람쥐가 하얀 길이 아닌 검은 길을 걷고 있다면 검은 길에서 가로로 선분을 이으면 곡선과 7번 만나므로 미로

안에 갇히게 된다.

따라서 미로가 조르당 곡선의 형태이고 한가운데 점이 목표 지점이거나 출발지점일 때 가로로 선을 그어서 곡선과 만나는 점의 개수가 짝수이면 풀 수 있고 홀수이면 풀 수 없다.

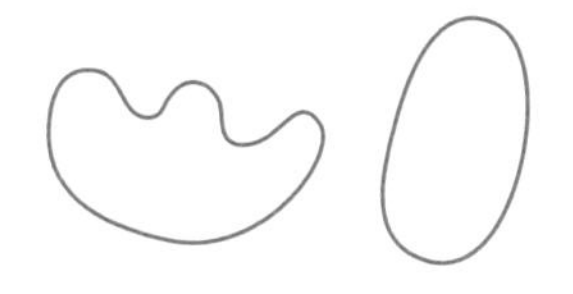

조르당 곡선의 예

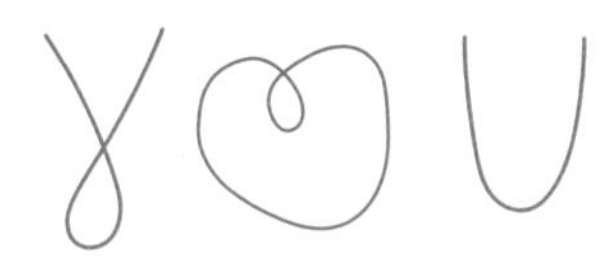

조르당 곡선이 아닌 예

민용이가 신문에서 본 미로는 조르당 곡선이었기 때문에 민용이는 답이 있는지부터 확인하고 퍼즐을 푼 것이다.

환경오염의 주범을 잡은 벤포드의 법칙

데이터를 조작하는 방법 중에 숫자를 임의로 조작하는 사기 방법이 있다. 그리고 이와 같은 사기방법을 알아차리는 수학도 있다. 그중 한 방법이 벤포드의 법칙Benford's Law이다. 1938년 미국의 물리학자 프랭크 벤포드Frank Benford, 1883~1948가 발견한 이 법칙은 현대사회에서 폭넓게 사용되고 있다.

다음 히스토그램은 벤포드의 법칙에 따르는 맨 앞 자릿수의 분포를 나타낸 것이다.

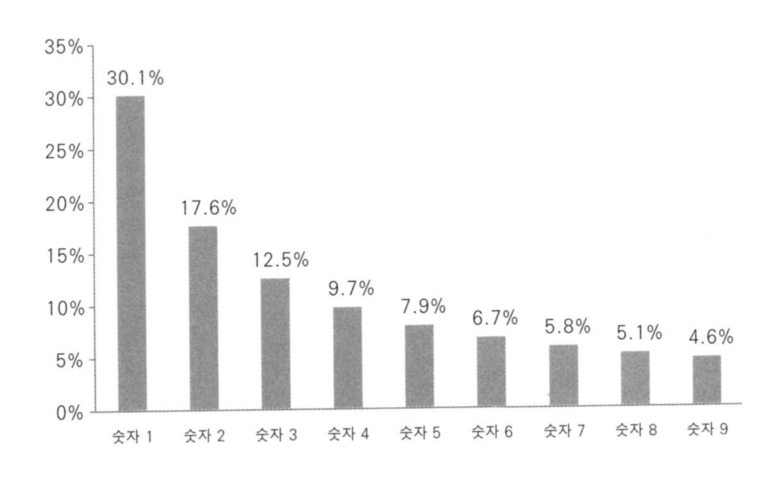

벤포드의 법칙에 따르는 그래프

A기업의 회계 장부의 맨 앞 자릿수의 분포가 위와 같다면

정상적인 회계장부이다. 맨 앞 자릿수를 1부터 9까지로 정리했을 때 갯수가 점점 감소하는 것이 보일 것이다. 숫자 1의 빈도는 30.1%로 가장 많고, 숫자 2는 17.6%, 숫자 9는 고작 4.6%이다.

그런데 A기업의 맨 앞 자릿수 분포는 다음과 같았다.

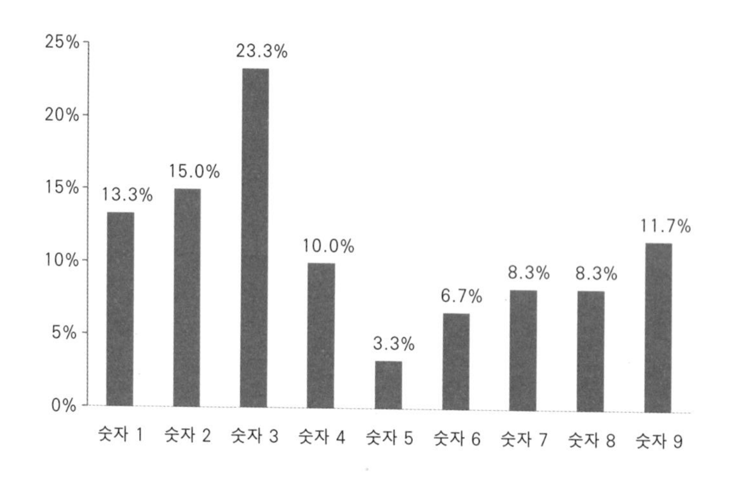

A기업의 회계 장부의 맨 앞 자릿수 분포

한눈에 A기업 맨 앞 자릿수의 분포가 들쑥날쑥하다는 것을 알 수 있다. 따라서 회계장부는 조작된 것이 틀림없다.

벤포드의 법칙은 강과 호수의 넓이, 특정 주식의 가격, 야구

통계, 인구, 사망률 등이 대체적으로 적합한지 알아내는 데 많이 사용되고 있다. 그리고 흥미로운 사실은 피보나치수열도 벤포드의 법칙을 따른다는 것이다.

벤포드의 법칙은 수학에서 로그(log)를 이용해 풀면 빈도를 쉽게 구할 수 있다. 공식은 다음과 같다.

$$P(n) = \log\left(\frac{n+1}{n}\right)$$

n은 맨 앞 자릿수이다. 이 공식을 이용한 벤포드의 법칙으로 사기 범죄의 유무를 알아차린 사례들도 많다. 최근의 사례로는 그리스 정부가 유로존 가입을 위해 EU(유럽 연합)에 제출했던 데이터가 조작된 것이 드러난 적도 있다.

2009년에는 이란의 대통령 선거가 벤포드의 법칙에서 벗어난 것으로 밝혀져 논란이 되었다. 결국 부정선거 정황이 드러나면서 국민들은 대대적인 시위를 했다.

그러나 벤포드의 법칙이 항상 옳은 것은 아니다. 키(cm)를 야드파운드 법으로 바꾸면 5와 6이 더 많이 분포하게 되며 100점 만점의 시험점수도 벤포드의 법칙으로 분석하면 그 법칙을 따르지 않는 등의 예외가 있기 때문이다.

심화 단계-벤포드의 법칙에 나타난 로그

수학의 위대한 발자취 중 하나로 꼽히는 로그(log)는 스코틀랜드의 물리학자, 수학자이자 천문학자인 네이피어John Napier, 1550~1617가 발견했다.

로그의 발견은 천문학에서 복잡한 수학의 계산을 편리하게 하는데 지대한 공헌을 했으며 소수를 쉽고 간편하게 사용할 수 있는 길을 열었다. 중세 근대에도 복잡한 계산을 해야 했던 수학자와 과학자들은 로그를 이용해 보다 빠르고 정확한 계산을 하게 되면서 로그의 편리함을 알게 되었다. 네이피어가 무려 20년 동안 자연로그의 값을 계산하여 수학자들과 과학자의 시간적 부담과 오류의 발생 확률을 덜어준 것이다.

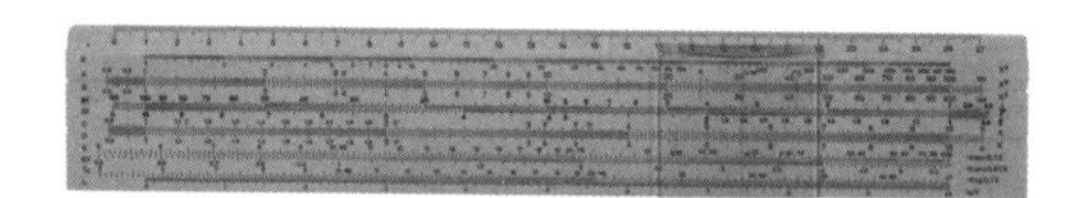

과학자들과 수학자들은 로그계산자로 복잡한 수를 편리하게 계산했다.

우리가 소리의 세기를 나타내는 데시벨(dB)단위의 측정이나 지진의 규모에서 사용하는 리히터 규모 등에서도 로그는 등장한다. 프랑스의 수학자 라플라스는 "로그의 발견으로 천문학자의 수명이 2배로 늘었다"고 술회할 정도였다.

네이피어는 1550년 스코틀랜드의 머치스톤 성에서 태어나 21년 뒤 부친을 여읜 후 머치스톤의 영주가 되었다. 발명가로도 활발하게 활동했고 그중에는 군사관련 장비도 포함된다.

매우 부자에 활발한 활동을 했던 네이피어에게는 재미있는 에피소드들이 많다.

그중 가장 잘 알려진 것이 상습 도둑을 잡은 사건이다.

그가 성주로 있던 머치스톤 성에 도난 사건이 발생했다. 네이피어는 도난 사건을 조사한 후 하인들 중 범인이 있음을 직감했다.

네이피어는 성 안 모든 하인들을 한 곳에 모은 뒤 검은 수탉을 들어 보이며 단언했다.

이 검은 수탉을 만졌을 때 범인의 손은 검은색으로 물들게 된다는 것이었다. 그런 뒤 그는 어두운 방에 검은 수탉을 넣고 하인들 모두 검은 수탉을 만지도록 명령했다.

어두운 방에서 닭장에 갇혀 있던 검은 수탉을 하인들이 차례대로 모두 만지고 나자 네이피어는 불을 밝혔다. 그리고 하인들에게 손을 내밀도록 명령했다.

그러자 대부분의 하인들 손에는 검은 물감이 묻어 있는데 반해 단 한 명만 아무것도 묻지 않은 상태였다.

네이피어는 그 하인을 범인으로 지목했다. 범인인 하인은 마법을 부린다고 소문나 있던 네이피어의 말을 믿고 수탉을 만지지 않았지만 범인이 아니었던 하인들은 모두 만졌기 때문에 일어난 일이었다.

이렇게 해서 네이피어는 마법사라는 소문에 에피소드를 하나 더하게 되었다고 한다.

또 다른 재미있는 일화로는 네이피어의 농사를 망치는 이웃집 비둘기를 쫓아낸 사건이 있다.

네이피어는 땅에 심은 씨앗을 이웃집 비둘기들이 자꾸 쪼아먹어서 농사를 짓는데 애를 먹었다. 그래서 이웃에게 비둘기 관리를 부탁했지만 그 이웃은 비둘기를 잡을 수 없으니 자신은 할 수 있는 것이 없으며 아쉬운 네이피어가 비둘기를 잡을 수 있으면 잡아서 처리하라는 무책임한 답을 해왔다. 이에 화가 난 네이피어는 완두콩에 블랜디를 적신 후 땅위에 뿌려 비둘기를 취하게 한 후 자루에 담았다고 한다.

로그의 정의와 규칙에 대해 알아보자.

a가 0보다 크고 1이 아니며 $a^x=b$인 관계일 때 $x=\log_a b$로 나타내면 a를 밑, b를 진수로 하는 로그가 x가 된다.

밑 a가 자연상수 e인 로그를 $\log_e x$ 대신 $\ln x$로 나타내고 자연로그로 부른다. 자연로그는 네이피어가 처음으로 발견한 로그이며, 브리그스Henry Briggs, 1561~1630는 후에 밑이 10인 로그를 발견했다.

10진법을 기초로 하는 실용적인 특성을 지닌 밑이 10인 로그는 $\log_{10}x$ 대신 밑을 생략하여 $\log x$로 나타내며 상용로그로 부른다. 경우에 따라서는 밑 10을 기입할 때도 있다.

로그의 성질은 다음과 같다.

1 $\log_a a = 1,\ \log_a 1 = 0$

2 $\log_a \mathrm{MN} = \log_a \mathrm{M} + \log_a \mathrm{N},\ \log_a \dfrac{\mathrm{M}}{\mathrm{N}} = \log_a \mathrm{M} - \log_a \mathrm{N}$

3 $\log_a \mathrm{M}^T = r\log_a \mathrm{M}$

4 $\log_a b = \dfrac{\log_c b}{\log_c a}$

1번은 로그에서 밑과 진수가 같으면 값은 1이 되는 것을 의미한다. 그리고 진수가 1이면 로그값은 0이다.

2번은 로그의 진수의 곱과 나눗셈을 덧셈과 뺄셈으로 계산할 수 있음을 나타낸다. $\log_3 6\times 7=\log_3 6+\log_3 7$로, $\log_6 \dfrac{71}{5}=\log_6 71-\log_6 5$로 계산할 수 있다. 물론 역의 관계도 성립

한다.

벤포드의 공식은 $P(n)=\log\left(\frac{n+1}{n}\right)$이므로 $P(n)$을 $\log(n+1)$ $-\log n$으로 나타낼 수 있다.

3은 진수에서 지수 r이 로그 앞으로 이동해 곱할 수도 있음을 나타내는데, $\log_9 7^8 = 8\log_9 7$이 된다. 또한 $\log_2 2^2 = 2\log_2 2 = 2\times1 = 2$이다.

4는 '밑의 변환공식'이며 예를 들어 $\log_4 9$를 $\frac{\log_5 9}{\log_5 4}$로 나타낼 수도 있으며, $\frac{\log_7 9}{\log_7 4}$로도 나타낼 수도 있다. 로그의 분모와 분자의 밑은 0보다 크고 1이 아닌 양수라면 어떤 양수도 사용 가능하다.

네이피어의 로그표 중 일부

Gr. 44

44 min	Sinus	Logarithmi	+ | − Differentiæ	logarithmi	Sinus	
30	7009093	3553767	174541	3379226	7132504	30
31	7011167	3550808	168723	3382085	7130465	29
32	7013241	3547851	162905	3384946	7128425	28
33	7015314	3544895	157087	3387808	7126385	27
34	7017387	3541941	151269	3390672	7124344	26
35	7019459	3538989	145451	3393538	7122303	25
36	7021530	3536038	139632	3396406	7120261	24
37	7023601	3533089	133814	3399275	7118218	23
38	7025671	3530142	127996	3402146	7116175	22
39	7027741	3527197	122178	3405019	7114131	21
40	7029810	3524253	116359	3407894	7112086	20
41	7031879	3521311	110541	3410770	7110041	19
42	7033947	3518371	104723	3413648	7107995	18
43	7036014	3515432	98904	3416528	7105949	17
44	7038081	3512495	93086	3419409	7103902	16
45	7040147	3509560	87268	3422292	7101854	15
46	7042213	3506626	81450	3425176	7099806	14
47	7044278	3503694	75632	3428062	7097757	13
48	7046342	3500764	69824	3430940	7095708	12
49	7048406	3497835	64006	3433829	7093658	11
50	7050469	3494908	58178	3436730	7091607	10
51	7052532	3491983	52360	3439623	7089556	9
52	7054594	3489060	46543	3442517	7087504	8
53	7056655	3486139	40726	3445413	7085452	7
54	7058716	3483219	34908	3448311	7083399	6
55	7060776	3480301	29090	3451211	7081345	5
56	7062836	3477385	23273	3454112	7079291	4
57	7064895	3474470	17455	3457015	7077236	3
58	7066953	3471557	11637	3459920	7075181	2
59	7069011	3468645	5818	3462827	7073125	1
60	7071068	3465735	0	3465735	7071068	0
						min Gr. 45

45

m

로그표 1

1000–1500

No.	0	d	1	d	2	d	3	d	4	d	5	d	6	d	7	d	8	d	9	d
100	00000	43	00043	44	00087	43	00130	43	00173	44	00217	43	00260	43	00303	43	00346	43	00389	43
101	00432	43	00475	43	00518	43	00561	43	00604	43	00647	42	00689	43	00732	43	00775	42	00817	43
102	00860	43	00903	42	00945	43	00988	42	01030	42	01072	43	01115	42	01157	42	01199	43	01242	42
103	01284	42	01326	42	01368	42	01410	42	01452	42	01494	42	01536	42	01578	42	01620	42	01662	41
104	01703	42	01745	42	01787	41	01828	42	01870	42	01912	41	01953	42	01995	41	02036	42	02078	41
105	02119	41	02160	42	02202	41	02243	41	02284	41	02325	41	02366	41	02407	42	02449	41	02490	41
106	02531	41	02572	40	02612	41	02653	41	02694	41	02735	41	02776	40	02816	41	02857	41	02898	40
107	02938	41	02979	40	03019	41	03060	40	03100	41	03141	40	03181	41	03222	40	03262	40	03302	40
108	03342	41	03383	40	03423	40	03463	40	03503	40	03543	40	03583	40	03623	40	03663	40	03703	40
109	03743	39	03782	40	03822	40	03862	40	03902	39	03941	40	03981	40	04021	39	04060	40	04100	39
110	04139	40	04179	39	04218	40	04258	39	04297	39	04336	40	04376	39	04415	39	04454	39	04493	39
111	04532	39	04571	39	04610	40	04650	39	04689	38	04727	39	04766	39	04805	39	04844	39	04883	39
112	04922	39	04961	38	04999	39	05038	39	05077	38	05115	39	05154	38	05192	39	05231	38	05269	39
113	05308	38	05346	39	05385	38	05423	38	05461	39	05500	38	05538	38	05576	38	05614	38	05652	38
114	05690	39	05729	38	05767	38	05805	38	05843	38	05881	37	05918	38	05956	38	05994	38	06032	38
115	06070	38	06108	37	06145	38	06183	38	06221	37	06258	38	06296	37	06333	38	06371	37	06408	38
116	06446	37	06483	38	06521	37	06558	37	06595	38	06633	37	06670	37	06707	37	06744	37	06781	38
117	06819	37	06856	37	06893	37	06930	37	06967	37	07004	37	07041	37	07078	37	07115	36	07151	37
118	07188	37	07225	37	07262	36	07298	37	07335	37	07372	36	07408	37	07445	37	07482	36	07518	37
119	07555	36	07591	37	07628	36	07664	36	07700	37	07737	36	07773	36	07809	37	07846	36	07882	36
120	07918	36	07954	36	07990	37	08027	36	08063	36	08099	36	08135	36	08171	36	08207	36	08243	36
121	08279	35	08314	36	08350	36	08386	36	08422	36	08458	35	08493	36	08529	36	08565	35	08600	36
122	08636	36	08672	35	08707	36	08743	35	08778	36	08814	35	08849	35	08884	36	08920	35	08955	36
123	08991	35	09026	35	09061	35	09096	36	09132	35	09167	35	09202	35	09237	35	09272	35	09307	35
124	09342	35	09377	35	09412	35	09447	35	09482	35	09517	35	09552	35	09587	34	09621	35	09656	35
125	09691	35	09726	34	09760	35	09795	35	09830	34	09864	35	09899	35	09934	34	09968	35	10003	34
126	10037	35	10072	34	10106	34	10140	35	10175	34	10209	34	10243	35	10278	34	10312	34	10346	34
127	10380	35	10415	34	10449	34	10483	34	10517	34	10551	34	10585	34	10619	34	10653	34	10687	34
128	10721	34	10755	34	10789	34	10823	34	10857	33	10890	34	10924	34	10958	34	10992	33	11025	34
129	11059	34	11093	33	11126	34	11160	33	11193	34	11227	34	11261	33	11294	33	11327	34	11361	33
130	11394	34	11428	33	11461	33	11494	34	11528	33	11561	33	11594	34	11628	33	11661	33	11694	33
131	11727	33	11760	33	11793	33	11826	34	11860	33	11893	33	11926	33	11959	33	11992	32	12024	33
132	12057	33	12090	33	12123	33	12156	33	12189	33	12222	32	12254	33	12287	33	12320	32	12352	33
133	12385	33	12418	32	12450	33	12483	33	12516	32	12548	33	12581	32	12613	33	12646	32	12678	32
134	12710	33	12743	32	12775	33	12808	32	12840	32	12872	33	12905	32	12937	32	12969	32	13001	32
135	13033	33	13066	32	13098	32	13130	32	13162	32	13194	32	13226	32	13258	32	13290	32	13322	32
136	13354	32	13386	32	13418	32	13450	31	13481	32	13513	32	13545	32	13577	32	13609	31	13640	32
137	13672	32	13704	31	13735	32	13767	32	13799	31	13830	32	13862	31	13893	32	13925	31	13956	32
138	13988	31	14019	32	14051	31	14082	32	14114	31	14145	31	14176	32	14208	31	14239	31	14270	31
139	14301	32	14333	31	14364	31	14395	31	14426	31	14457	32	14489	31	14520	31	14551	31	14582	31
140	14613	31	14644	31	14675	31	14706	31	14737	31	14768	31	14799	30	14829	31	14860	31	14891	31
141	14922	31	14953	30	14983	31	15014	31	15045	31	15076	30	15106	31	15137	31	15168	30	15198	31
142	15229	30	15259	31	15290	30	15320	31	15351	30	15381	31	15412	30	15442	31	15473	30	15503	31
143	15534	30	15564	30	15594	31	15625	30	15655	30	15685	30	15715	31	15746	30	15776	30	15806	30
144	15836	30	15866	31	15897	30	15927	30	15957	30	15987	30	16017	30	16047	30	16077	30	16107	30
145	16137	30	16167	30	16197	30	16227	29	16256	30	16286	30	16316	30	16346	30	16376	30	16406	29
146	16435	30	16465	30	16495	29	16524	30	16554	30	16584	29	16613	30	16643	30	16673	29	16702	30
147	16732	29	16761	30	16791	29	16820	30	16850	29	16879	30	16909	29	16938	29	16967	30	16997	29
148	17026	30	17056	29	17085	29	17114	29	17143	30	17173	29	17202	29	17231	29	17260	29	17289	30
149	17319	29	17348	29	17377	29	17406	29	17435	29	17464	29	17493	29	17522	29	17551	29	17580	29
150	17609	29	17638	29	17667	29	17696	29	17725	29	17754	28	17782	29	17811	29	17840	29	17869	29
No.	0	d	1	d	2	d	3	d	4	d	5	d	6	d	7	d	8	d	9	d

Prop. parts

	44	43	42	41	40	39	38	37	36	35	34	33
1	4	4	4	4	4	4	4	4	4	4	3	3
2	9	9	8	8	8	8	8	7	7	7	7	7
3	13	13	13	12	12	12	11	11	11	10	10	10
4	18	17	17	16	16	16	15	15	14	14	14	13
5	22	22	21	20	20	20	19	18	18	18	17	16
6	26	26	25	25	24	23	23	22	22	21	20	20
7	31	30	29	29	28	27	27	26	25	24	24	23
8	35	34	34	33	32	31	30	30	29	28	27	26
9	40	39	38	37	36	35	34	33	32	32	31	30

셜록 홈즈 추리소설 속 옴브즈

셜록 홈즈는 전 세계적으로 유명한 탐정이다.

셜록 홈즈의 작가 코난 도일은 원래 직업이 의사였다. 의사였던 그는 환자 진료 시 중요한 것은 관찰과 추론이라고 생각했다. 그는 이것을 범죄과학에도 적용시켰다. 이것이야말로 과학적 범죄해결에 필요할 것이라고 예상한 것이다. 그의 이런 생각은 그가 쓴 추리소설을 놀라운 추리력과 재밌는 스토리로 범죄를 해결하는 천재적인 소설로 만들었고 전 세계 사람들은 이에 열광했다.

우리가 아는 셜록 홈즈는 《주홍 연구》를 시작으로 코난 도일의 수많은 추리소설 속에서 흥미진진한 범죄들을 천재적인 두뇌로 해결해냈다.

그중 《푸른 카벙클》이라는 작품은 매우 흥미롭다. 1892년 출간한 《푸른 카벙클》은 제목부터 모순을 띠고 있다. 왜냐하면 카벙클이라는 보석은 석류석이나 홍옥 같은 빨간 보석을 의미하기 때문이다.

홈즈는 이 소설에서 거위의 배에서 꺼낸 카벙클을 보고 10년 전 중국의 남쪽 아모이 강 연안에서 발견한 루비(보통 푸른색임)처럼 푸르지만 카벙클의 모든 특성을 갖추었다고 말한다. 그래서 사건의 보석을 푸른 카벙클로 불렀다. 그런데 당시에 푸른 카벙클은 그저 상상 속에만 존재하던 보석이었을 뿐이다.

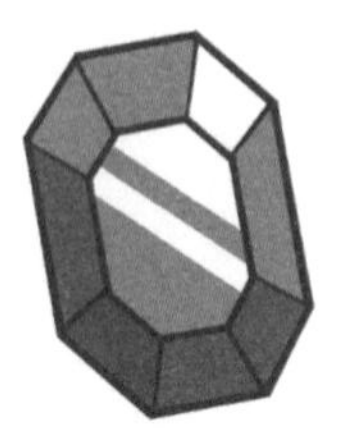

카벙클. 보통 카벙클은 루비나 석류석 같은 붉은색 보석을 통털어 말하는 것이다.

놀랍게도 1990년에 실제로 푸른 카벙클이 채굴되기 시작했다. 하지만 《푸른 카벙클》이 출간되었던 1892년에는 푸른 카벙클이 없었고 상상 속 푸른 카벙클이 처음 발견된 것은 그로부터 100여 년이 흐른 뒤의 일이었음을 기억하자. 그리고 푸른 카벙클만이 아니라 다른 여러 가지 색의 카벙클이 존재했다. 카벙클은 바라보는 빛의 시각에 따라 청록색과 적자색인 것들이 흔했다고 한다.

셜록 홈즈의 추리 중에는 우연히 모자를 주운 뒤 와트슨에게 모자의 주인에 대해 추리하는 장면이 나온다.

홈즈는 모자의 부피가 크니 지능이 높은 사람일 것으로 추측한다. 모자의 부피가 크면 머리가 크다는 의미이며 이는 곧 뇌도 커서 지능이 높다는 것이다.

하지만 이건 과학적 근거가 없다. 머리가 큰 모든 사람이 지능이 높은 것은 아니기 때문이다. 즉 그의 추론은 논리에 어긋난다. 그런데 이러한 모순적 논리가 추리소설에 묻어나온 이유가 있다.

19세기 말에는 두개골의 크기나 모양을 연구하던 골상학이 유행하던 시대였다. 따라서 과학적 근거보다는 시대적 편견과 루머에 얽매이던 시대였다. 우리도 한때 혈액형으로 사람의 성격을 판단하고, 심리를 파악하려고 했던 유행기를 겪지 않았는가?

현대과학에서 과학자들은 혈액형 성격론을 정확한 근거가 없는 유사과학으로 판단하고 있다.

166p 미로 답

참고 도서

넘버스-수학으로 범죄 해결하기 케이스 데블린, 게리 로든 지음, 정경훈 옮김, 바다 출판사

누구나 수학 위르겐 브뤽 지음, 정인회 옮김, 지브레인

셜록 홈즈의 모험 아더 코난 도일 지음, 조용만, 조민영 옮김, 동서문화사

손안의 수학 마크 프레리 저, 남호영 옮김, 지브레인

수학사 Howard Eves 지음, 이우영, 신항균 옮김, 경문사

수학의 파노라마 클리퍼드 픽오버 지음, 김지선 옮김,사이언스 북스

수학이 보이는 세계사 차길영 지음, 지식의 숲

숫자로 끝내는 수학 100 콜린 스튜어트 지음, 오혜정 옮김, 지브레인

알수록 재미있는 수학자들 : 근대에서 현대까지 김주은 지음, 지브레인

오일러가 사랑한 수 e 엘리 마오 지음, 허 민 옮김, 경문사

일상에 숨겨진 수학 이야기 콜린 베버리지 지음, 장정문 옮김, 소우주

피보나치의 토끼 애덤 하트데이비스 지음, 임송이 옮김, 시그마북스

한권으로 끝내는 수학 패트리샤 반스 스바니, 토머스 E. 스바니 공저, 오혜정 옮김, 지브레인

참고 사이트

위키피디아 https://ko.wikipedia.org

동아사이언스 http://dongascience.donga.com

이미지 저작권

7'6"
7'0"
6'6"
6'0"
5'6"
5'0"
4'6"
4'0"
3'6"
3'0"
2'6"
MISSION
SUCCESS!